无价湿地

中国滨海湿地生态系统功能及服务评价

崔丽娟 康晓明
张曼胤 李 伟
-主编-

Ecosystem Function and Service Evaluation on Coastal Wetlands in China

中国林业出版社

图书在版编目（CIP）数据

中国滨海湿地生态系统功能及服务评价 / 崔丽娟等，主编 .
— 北京 : 中国林业出版社，2019.9
（“无价湿地”系列丛书）

ISBN 978-7-5038-9489-3

Ⅰ . ①中… Ⅱ . ①崔… Ⅲ . ①海滨－沼泽化地－生态系统－系统功能－评价－中国 ②海滨－沼泽化地－生态系统－服务功能－评价－中国 Ⅳ . ① P942.078

中国版本图书馆 CIP 数据核字（2019）第 034590 号

中国林业出版社 · 林业分社
责任编辑：于界芬　于晓文

出版发行：中国林业出版社（100009　北京西城区德内大街刘海胡同7号）
网　　址：http://www.forestry.gov.cn/lycb.html
电　　话：(010) 83143542
印　　刷：固安县京平诚乾印刷有限公司
版　　次：2019 年 9 月第 1 版
印　　次：2019 年 9 月第 1 次
开　　本：889mm × 1194mm　1/16
印　　张：12.5
定　　数：258 千字
定　　价：68.00 元

《中国滨海湿地生态系统功能及服务评价》编写组

主编　崔丽娟　康晓明　张曼胤　李　伟

编者　崔丽娟　康晓明　张曼胤　李　伟
孙宝娣　李　凯　吴　明　欧阳志云
周　建　潘　旭　高常军　王金枝
颜　亮　李有志

前　言

滨海湿地位于海陆交接的生态过渡地带，受到海洋和陆地的双重影响，具有特殊的植被、水文和土壤特征，是自然湿地系统的重要组成部分，也是全球生物多样性最丰富、生产力最高和最具价值的生态系统之一。美国环境保护署曾用一句话概括滨海湿地的重要性：滨海湿地为人类和环境提供了必不可少的生态系统服务，其价值高达数十亿美元。在我国绵长的海岸线上，滨海湿地具有生物多样性维持、水质净化、旅游文化等多种生态系统服务功能，是我国东部城市化地区重要的生态屏障。同时，滨海湿地具有特殊的地理位置，常年受海陆共同作用，是最为脆弱的湿地生态系统之一，极易受到外界环境的影响。

近年来，随着我国沿海地区经济的快速发展和人口的急速膨胀，人类活动对区域生态系统的影响和改变越来越大，使得滨海湿地面积锐减、生态系统逐渐退化，资源减少、景观格局变化，对不同时空尺度上滨海湿地生态系统服务功能和人类的可持续发展均产生了重要影响。填海造地、环境污染和外来生物入侵引起的生态功能退化及资源不合理利用，已经成为制约我国生态文明建设和经济社会可持续发展的重大瓶颈。因此，运用生态经济学的方法，开展滨海湿地生态系统服务物质量、价值量的定量评价，不仅具有重要的理论意义，更具有深刻的现实意义。

千年生态系统评估从生态系统服务评估和人类福祉的角度出发，将生态系统服务分为供给服务、调节服务、支持服务和文化服务四大类，为滨海湿地生态系统服务价值评价提供了标准和范式。目前，滨海湿地生态系统服务的研究已经取得了很大的进展，主要集中在滨海湿地生态系统服务的内涵、价值变化及其与人类福祉的关系等方面，但是滨海湿地生态系统服务的评价方法还不够系统，评价指标不够全面，对滨海湿地生态系统服务价值评价中存在的重复计算和尺度上推问题也关注甚少。尺度外推和重复性计算可能会导致评价结果出现误差，不利于管理者制定正确的决策。因此，研究滨海湿地生态系统服务功能评价的区域性尺度转换技术和生态系统服务价值评价重复性计算剔除技术显得尤为急迫。

本书的出版得到了林业公益性行业科研专项重大项目“滨海湿地生态系统服务功能与评估技术研究”（201404305）的资助。全书共分七章，分别介绍了滨海湿地的概念、功能、研究进展以及中国滨海湿地的现状，分析了典型滨海湿地的生态特征及服务功能构成、主导服务功能变化及其驱动机制，提出了滨海湿地生态系统服务功能评价的区域性尺度转换技术、生态系统服务评价重复性计算剔除方法体系及适合滨海湿地生态系统服务价值评价的技术体系，并以辽宁省滨海湿地作为重点案例对其生态系统服务价值进行了综合评价。

本书由崔丽娟、康晓明、张曼胤、李伟、孙宝娣、李凯、吴明、欧阳志云、周建、潘旭、王金枝、颜亮、李有志和高常军等人共同编写，崔丽娟、康晓明、张曼胤、李伟负责统稿。本书凝聚了“滨海湿地生态系统服务功能与评估技术研究”项目参加人员的汗水和智慧，在编写过程中参考和引用了一些同行已经发表的相关论述与成果，在此一并表示感谢。

由于编者水平和经验有限，疏漏在所难免，敬请读者批评指正。

崔丽娟
于中国林业科学研究院湿地研究所
2019 年 1 月

目　录

第二章
滨海湿地生态特征及服务功能构成

第三章
滨海湿地主导服务功能变化及其驱动机制

第四章

滨海湿地生态系统服务评价指标及方法

第五章

滨海湿地生态系统服务评估重复性计算剔除技术

第六章

滨海湿地生态系统服务评价的区域性尺度转换技术

第七章

滨海湿地生态系统服务价值评价

第 一 章

滨海湿地生态系统服务概述

崔丽娟 摄

第一节 滨海湿地概述

一、滨海湿地的概念及类型

1. 概　念

滨海湿地是陆地生态系统和海洋生态系统的交错过渡地带。按《关于特别是作为水禽栖息地的国际重要湿地公约》（以下简称《湿地公约》）的定义，滨海湿地是指海陆交互作用下经常被静止或流动的水体所浸淹的沿海低地、潮间带滩地及低潮时水深不超过 6 m 的浅水水域。滨海湿地的下限为海平面以下 6 m 处（习惯上常把下限定在大型海藻的生长区外缘），上限为大潮线之上与内河流域相连的淡水或半咸水湖沼以及海水上溯未能抵达的入海河的河段。这一定义基本上涵盖了潮间带的主要地带，以及直接与之有密切关系的相邻区域。

2. 类　型

滨海湿地类型划分是一项基础性工作，对于滨海湿地保护与管理具有重要作用。目前国际上对滨海湿地类型的划分还没有达到统一。中国滨海湿地分类系统的建立应根据我国滨海湿地在地域上的分布特征和生态特征，体现科学性与实用性相结合的特点。目前，《湿地公约》将滨海湿地分为 12 个类型（表 1-1），中国除广泛采用《湿地公约》的分类方法外，许多学者也根据自己的研究提出了各自的分类体系（陆健健，1996；倪晋仁等，1998；赵焕庭和王丽荣，2000；唐小平和黄桂林，2003），见表 1-2。

表 1-1 《湿地公约》对滨海湿地分类和划分依据

序号	湿地分类	分类标准
01	永久性浅海水域	多数情况下低潮时水位小于 6m，包括海湾和海峡
02	海草层	包括潮下藻类、海草、热带海草植物生长区
03	珊瑚礁	珊瑚礁及其邻近水域
04	岩石性海岸	包括近海岩石性岛屿、海边峭壁
05	沙滩、砾石与卵石滩	包括滨海沙洲、海岬以及沙岛、沙丘及丘间沼泽
06	河口水域	河口水域和河口三角洲水域
07	滩涂	潮间带泥滩、沙滩和海岸等其他咸水沼泽
08	盐沼	包括滨海盐沼、盐化草甸
09	潮间带森林湿地	包括红树林沼泽和海岸淡水沼泽森林
10	咸水、碱水泻湖	有通道与海水相连的咸水、碱水泻湖
11	海岸淡水湖	包括淡水三角洲泻湖
12	海滨岩溶洞穴水系	滨海岩溶洞穴

表 1-2 其他学者对滨海湿地的分类

学者	滨海湿地类型
全国湿地资源第二次调查技术规程（2008）	浅海水域、潮下水生层、珊瑚礁、岩石海岸、沙石海滩、淤泥质海滩、潮间盐水沼泽、红树林、河口水域、河口三角洲 / 沙洲 / 沙岛、海岸性咸水湖、海岸性淡水湖
第一次全国湿地调查（2000）	浅海水域、潮下水生层、珊瑚礁、岩石性海岸、潮间沙石海滩、潮间淤泥海滩、潮间盐水沼泽、红树林沼泽、海岸性咸水湖、海岸性淡水湖、河口水域、三角洲湿地
陆健健（1996）	基岩质湿地、淤泥质湿地、生物礁湿地、藻床湿地、滩涂湿地、泥沙质滩涂湿地、岩基海岸湿地、离岛湿地、河口沙洲湿地、潮上带淡水湿地

（续）

学者	滨海湿地类型
唐小平和黄桂林（2003）	浅海、滩涂、河口、海岸性湖泊
赵焕庭和王丽荣（2000）	淤泥质海岸湿地、砂砾质海岸湿地、基岩海岸湿地、水下岸坡湿地、泻湖湿地、红树林湿地、珊瑚礁湿地
倪晋仁等（1998）	三角洲湿地、口湾潮流湿地、平原海岸湿地、泻湖湿地、红树林湿地

其中，《全国湿地资源第二次调查技术规程》的滨海湿地分类标准主要是参照中华人民共和国国家标准（GB/T 24708—2009 湿地分类），综合考虑湿地成因、地貌类型、水文特征、植被类型等将中国滨海湿地分为浅海水域、潮下水生层、珊瑚礁、岩石海岸、沙石海滩、淤泥质海滩、潮间盐水沼泽、红树林、河口水域、河口三角洲/沙洲/沙岛、海岸性咸水湖和海岸性淡水湖等 12 类（表 1-3）。

表 1-3　中国滨海湿地类型及划分依据

序号	湿地分类	分类标准
01	浅海水域	湿地底部基质为无机部分组成，植被盖度 <30% 的区域，包括海滨、海峡
02	潮下水生层	海洋潮下，湿地底部基质为有机部分组成，植被盖度≥ 30% 的区域，包括海草层、热带海洋草地
03	珊瑚礁	基质由珊瑚聚集生长而成的浅海区域
04	岩石海岸	底部基质 75% 以上是石头和砾石，包括岩石性沿海岛屿、海岩峭壁
05	沙石海滩	由砂质或沙石组成的，植被盖度 <30% 的疏松海滩
06	淤泥质海滩	由淤泥质组成的植被盖度 <30% 的泥 / 沙海滩
07	潮间盐水沼泽	潮间地带形成的植被盖度≥ 30% 的潮间区域，包括盐碱沼泽、盐水草地和海滩盐泽、高位盐水沼泽
08	红树林	以红树植物为主的潮间沼泽

（续）

序号	湿地分类	分类标准
09	河口水域	从近口段的潮区界（潮差为零）至口外河海滨段的淡水舌峰缘之间的永久性水域
10	河口三角洲 / 沙洲 / 沙岛	河口系统四周冲积的泥 / 沙滩、沙洲、沙岛（包括水下部分），植被盖度 <30%
11	海岸性咸水湖	地处海滨区域，有一个或多个狭窄水道与海相通的湖泊。也称为泻湖。包括海岸性微咸水、咸水或盐水湖
12	海岸性淡水湖	起源于泻湖，但已经与海隔离后演化而成的淡水湖泊

二、中国滨海湿地资源及面临的主要问题

1. 滨海湿地资源

中国拥有 18000 km 长的大陆海岸线，东起鸭绿江口，西至北仑河口，濒临渤海、黄海、东海和南海，跨越了热带、亚热带、暖温带等多个气候带，包括沿海 10 个省份，香港和澳门 2 个特别行政区，以及台湾、海南 2 个岛屿省份。除渤海为中国的内海外，黄海、东海和南海都是太平洋的边缘海。不同的地形、水热条件和开发过程在漫长海岸线上造就了丰富的滨海湿地类型（张晓龙，2010）。

根据第二次全国湿地资源调查结果，中国滨海湿地总面积为 57959 km^2，占全国湿地面积的 10.85%，主要分布于我国沿海省份、台湾以及香港、澳门特别行政区。其中，纳入保护体系的滨海湿地面积为 13904 km^2，近海与海岸湿地保护率为 23.99%。总的来说，中国海岸地势平坦，多优良港湾，面积在 10 km^2 以上的海湾有 160 个。中国滨海湿地一般以杭州湾为分界线分为南、北两个部分（张晓龙等，2005）。

杭州湾以北的滨海湿地，由江苏滨海湿地和环渤海滨海湿地组成。江苏滨海湿地主要由长江三角洲和黄河三角洲组成，环渤海滨海湿地主要由辽河三角洲和黄河三角洲组成。这部分湿地大多为砂质和淤泥质海滩，是多种珍稀鸟类的最好栖息地，如东方白鹤、丹顶鹤、中华秋鸭等（张晓龙，2010）。

滨海湿地是自然界具有较高生物多样性和生产力的生态系统。它不但具有丰富的

资源，还有巨大的环境调节功能和生态效益，比如促淤造陆、降解污染物、调节气候等。除生态效益以外，滨海湿地还具有巨大的经济和社会效益，能提供浅海水域的鱼虾蟹贝藻类等副食品、水资源、矿物资源，同时拥有观光旅游的功能，如今滨海湿地更是发展为农、林、牧、副、渔、盐等多种经营的综合体。

2. 滨海湿地面临的主要问题

中国滨海湿地虽然类型多样、资源丰富，但由于我国沿海地区人口众多，对滨海湿地资源的掠夺性开发利用，导致滨海湿地的功能和效益面临巨大的威胁。首先是城市化、旅游业和道路建设片面地进行开发建设，如海岸工程建设、沿岸挖沙、水库拦沙等使得近岸局部区域泥沙严重亏损，海岸严重侵蚀。沿海地区大量抽取地下水，地面开始不同程度的下沉，加剧海平面上升，导致中国滨海湿地面积越来越少。其次是围湖造田、滥垦滥伐等违背生态规律的盲目开发，如盲目引种可能会导致对当地生物多样性和生态系统的威胁甚至破坏。海岸侵蚀使滩涂湿地面积不断减少。再次是工厂超标排污、擅自倾倒废料及农药化肥等，造成大量滨海湿地水质恶化、生态服务功能下降。全国 2/3 的湖泊水质不同程度地出现富营养化；沿海近海海水 53.4%变成了超三类海水；沿海地区特别是海湾附近发生赤潮的频度和规模越来越大，生态环境恶化、泥沙淤积、防洪蓄水能力下降等。

第二节　滨海湿地生态系统服务

一、滨海湿地生态系统服务的概念

生态系统服务（ecosystem services）是指生态系统与生态过程所形成及其所维持的人类赖以生存的自然环境条件与效用（Daily，1997）。20 世纪 90 年代以来，随着生态系统生态学研究的深入，生态系统服务研究迅速发展成为生态学的热点和前沿之一。这个时期的重要标志是 1997 年 Daily 主编出版《Natures Services：Societal Dependence on Natural Ecosystem》和 Costanza 等在《Nature》上发表《The Value of the World' s Ecosystem Services and Natural Capital》。2005 年联合国千年生态系统评估（MA）报告的公布，引起世界各国政府首脑的关注，生态系统服务的思想和理论得到迅速普及。生态系统服务研究在全球范围内迅速展开，地球上几乎所有的生态类型都被评估过，人们也逐渐认识到自然生态系统对人类长期生存和发展的巨大价值。

滨海湿地是海陆交界的生态过渡带，是自然界最富生物多样性的生态景观和人类重要的生存环境之一。滨海湿地生态系统服务是指滨海湿地生态系统及其生态过程为人类提供的自然环境条件与效用，它为人民的生活和社会经济发展提供多种直接和间接的生态系统服务功能，主要包括滨海湿地在食物生产、原材料生产、航运、电力供给、涵养水源、水质净化、气候调节、固碳释氧、大气调节、促淤造陆、消浪护岸、营养循环、净初级生产力、生物多样性维持、保持土壤、科研、休闲旅游等方面提供的生态系统服务。

二、滨海湿地生态系统服务评价的重要性

作为重要的湿地类型之一，滨海湿地具有较高的生产力，为人类社会提供了大范围的物质和服务。滨海湿地特殊的结构和内部生态系统过程使其具有较高的生物多样性。此外，滨海湿地生态敏感性很高，在不同的时间尺度和空间尺度上，生态环境变动较大。因此，非常有必要制定和实施可持续的发展战略（Turner et al.，2000，2003）。有学者研究，世界有接近 1/3 的人口是生活在沿海区域，这些地区的人口密度是内陆的 2 倍（MA，2005；Barbier et al.，2008；Rao et al.，2015）。滨海湿地生态系统介于陆地淡水生态系统和海水生态系统之间，这也导致其有较高的边缘生态效应，包括较高的物质生产力和巨大的生态环境调节效应。定量评价滨海湿地生态系统服务功能，量化滨海湿地所提供的服务的重要性也日益被广大学者、湿地资源管理者和社会公众所认可，其能够为管理者和决策者在发展和保护湿地过程中提供决策支持（Brander et al.，2012）。

滨海湿地功能的大小取决于湿地面积的大小、湿地环境的优良程度、湿地的性质以及湿地所处的人类社会经济环境等（吕宪国，2004；王建华等，2007）。湿地的结构和过程决定了生态系统的功能，从而决定了各项生态系统服务，并影响能为人类提供的各种福祉；而人类通过政策的制定和实施，改变湿地及湿地周围的土地利用状况，能够反作用于湿地生态系统的健康状况。在理想状态下，人与湿地的关系是正循环状态的。滨海湿地价值评价就是对滨海湿地各项服务功能进行定量评价的过程，滨海湿地功能经济价值以市场价值即货币化的形式表达出来，从而为滨海湿地的保护、合理规划利用提供可靠的数据支持（童春富等，2002；谢高地等，2008）。滨海湿地生态系统服务功能多种多样，且因其类型、环境特征、所处的自然地理与社会经济条件的不同而具有明显的效益和价值差异（William et al.，2007）。全面、科学地评价滨海湿地生态系统所具有的功能，可以为滨海湿地及其资源监测和研究提供数据支撑，为湿地规划和开发利用提供可靠的科学依据，确保湿地及其资源的可持续利用（De Groot et al.，2006）。

第三节　滨海湿地生态系统服务评价国内外研究进展

对滨海湿地生态系统服务的经济价值进行定量评估，有助于理顺滨海湿地生态系统各功能之间的关系，研究滨海湿地生态系统服务价值并将其纳入国民经济核算体系，有利于促进滨海湿地自然资源开发的合理决策。评估滨海湿地生态系统服务的价值，不仅需要阐明生态特征、厘清生态结构、服务功能构成及其作用机理，还要从生态学角度上构建指标体系，更需要建立野外定位生态观测站和数据共享机制，从而满足滨海湿地生态系统服务功能评估对数据的需求（Tian，2008；李伟等，2014；Beaumont et al.，2014；Wingard et al.，2014）。

一、湿地生态系统服务评价方法研究进展

早期的湿地生态系统服务评价主要是针对湿地某一功能的定性评估。Schroeder（1982）运用生境评估规程方法（habitat evaluation procedures）对苔莺（*Dendroica petechia*）的繁殖生境进行了研究；Adamus 等（1987）开发了湿地评估技术，以大量湿地特征值是否出现作为湿地功能评估指标，这种方法只能预测湿地发挥某项特定功能的可能性，或该功能可提供的社会效益，不能对湿地功能做出定量评估；Kent 等（1990）开发了一种宏观层次上的湿地功能评估技术，它能在野外快速评价湿地功能；Brinson（1993）和 Smith（1995）等人开发了完善的湿地功能评估水文地貌分类

(HGM) 方法，可对一个大尺度区域内的诸多湿地功能进行定量、一致的评估。以上这些方法都是对湿地的功能进行定性的评估，不能直观地表达湿地生态系统的服务价值，应用性较低。为了更好地评价湿地生态系统服务的价值，学者们提出了能值分析法、物质量法、价值量法等一系列评估方法。

能值分析法是指用太阳能值 (solar energy) 计量生态系统为人类提供的产品或服务，进行定量分析研究 (Odum and Nilsson，1996；崔丽娟和赵欣胜，2004)，度量单位为 sej。能值分析法的优势是把生态系统与人类社会经济系统统一起来，有助于调整生态环境与经济发展的关系，为人类认识世界提供了一个重要的度量标准。其不足之处是不能反映人类对生态系统所提供的服务的需求性 (WTP) 和生态系统服务的稀缺性，同时能值转换率难度较大，某些物质与能量关系较弱 (崔丽娟和赵欣胜，2004)。通过能值货币价值转化率的使用，可以对湿地生态系统服务及其价值进行定量化评估。目前能值评估法已经在鄱阳湖 (崔丽娟和赵欣胜，2004)、盘锦双台河口湿地 (李丽锋等，2013)、中国红树林生态系统 (赵晟等，2007)、洞庭湖 (席宏正和康文星，2009) 等湿地的生态系统服务评估中得到应用。

物质量评估法是从物质量的角度对生态系统提供的各项服务进行定量评估，它可以被用来分析生态系统服务的可持续性，是分析空间尺度较大的区域生态系统服务功能的有效途径 (欧阳志云等，1999)。物质量评估法的优势是评估结果比较客观，不会随生态系统所提供服务的稀缺性增加而大幅度增加，可有效地衡量生态系统服务的可持续性，适合尺度较大的区域生态系统的评估。其不足之处是评估得出的各单项生态系统服务的量纲不同，无法进行加和，很难评估某一生态系统的综合生态系统服务 (赵景柱和肖寒，2000)。

价值量评估法是以货币的形式来呈现生态系统服务的价值。其优势是评估结果都是货币值，易于加和比较；并易于纳入国民经济核算体系，实现绿色 GDP。此外，人们对货币有明显的感知，运用货币作为评估结果可以引起人们对湿地生态系统服务的重视，促进环境的保护。不足之处在于评估结果具有很强的主观性，由于评估方法的不同，评估结果具有一定的差异性。

湿地生态系统服务的价值量评估方法可以分为直接市场法、揭示偏好法和陈述偏好法 3 类 (Turner et al.，2010)。①直接市场法可以用来评估那些直接在市场上交易的生态系统服务，包括市场价值法和生产函数法等；②揭示偏好法又称替代市场法，指的是用替代成本来评估那些在市场中可以间接进行交易的服务，包括影子价格法、旅行成本法和替代成本法等；③陈述偏好法又称模拟市场法，是指通过模拟的市场来评估那些不能通过市场进行交易的服务，包括条件价值法和选择模型法等。湿地生态系统服务价值包括直接使用价值、间接使用价值、选择价值、存在价值和遗赠价值（Hawkins，2003；Groot et al.，2006），每种价值都对应着相应的评估方法，每种评估方法都有一定的优缺点及其适应的范围（表 1-4）。由于每种生态系统服务通常都有几种评估方法（图 1-1），容易导致评估结果的可比性下降，在评估时，选择评估方法的关键是根据具体的环境进行选择。

表 1-4　滨海湿地生态系统服务价值评估方法的优劣比较及适用范围

方法	优势	劣势	适用范围
市场价值法	简单，直观；成本、价格等数据比较容易获得；在市场中买卖时，人们的价值观念可以很好地被明确	无法获得消费者剩余；实际价格偏低	直接使用和间接使用价值
重置成本法（影子工程法）	需要较少的数据；资源集中型	成本通常不是效益的有效测量方法	直接使用和间接使用价值
可避免成本法	市场数据容易获得	可能低估实际价值，不能反映真实市场价值	直接使用和间接使用价值
机会成本法	比较客观、全面地体现某种资源的生态价值	选择何种经济利益作为机会成本；具体价值仍需要依靠其他方法进行估算	间接使用价值
替代成本法	直观，通过替代工程造价直接反映价值	受各地生产力水平影响，不能反映真实花费；受替代工程造价影响较大	间接使用价值
费用支出法	简单、方便	评估范围较窄，无法评估没有市场交换的服务功能	直接使用和间接使用价值

（续）

方法	优势	劣势	适用范围
享乐价值法	可以评估时机选择的价值；可靠的财产记录；具有多变性	环境效益的测量受与房价有关的事物限制；结果严重依靠模型设定；数据量较大	直接使用和间接使用价值
旅行费用法	应用广泛，便于计算；结果容易解释和说明	受多个目标影响；结果容易被过高估计；受湿地开发、规模等影响，旅游效益差别大	直接使用和间接使用价值
影子价格法	简便、易行	受生产力水平影响；受不用市场替代产品价格的影响	使用价值
条件价值法	应用广泛，可以极为灵活地评估任何服务价值和商品；极易理解和识别；评估非使用价值的唯一方法	主观性较强，随意性较大；受人们的价值观、审美观影响较大	使用价值和非使用价值
生产函数法	市场数据的有效性和可靠性	数据量大，反映服务和生产变化的数据容易丢失	间接使用价值
选择模型法	应用广泛，可以极为灵活的评估任何服务价值和商品；极易理解和识别	主观性较强，随意性较大；受人们的价值观、审美观影响较大	使用价值和非使用价值
净收益法	简单、方便	容易重复计算	使用价值和非使用价值
随机效用法	依赖于观测的行为	受限于使用价值	直接使用和间接使用价值
避免行为法	依赖于市场	不能用于非使用价值	直接使用价值
成果参照法	简单、方便	限于条件相似的区域和地点；参照的风险性较大	使用价值和非使用价值
生态价值法	反映了生态价值认识与经济水平的关系；有现成数据	所得出的结果过于宏观，不易比较不同湿地状况的细微差别	间接使用价值

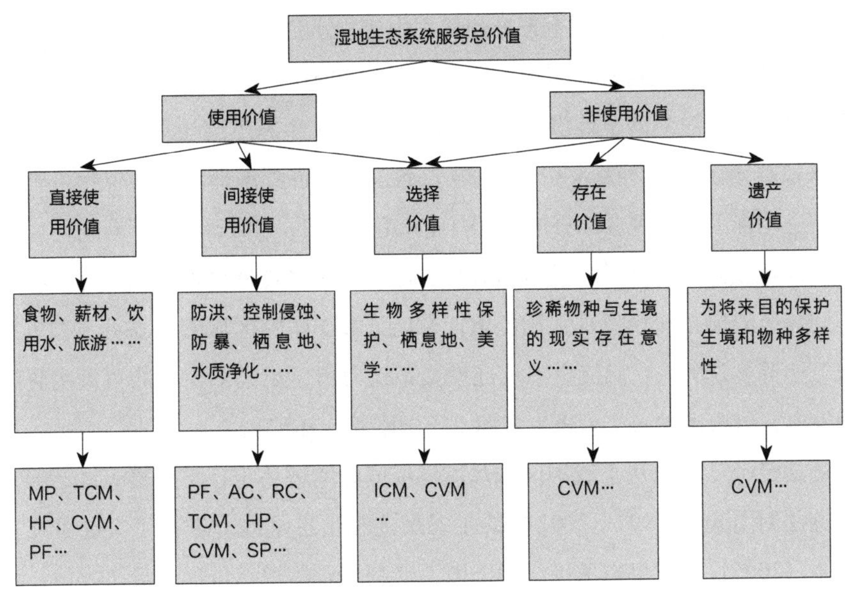

图 1-1　不同类型生态系统系统服务的价值类型及评估方法（修改自 Barbier 等，1997）

目前用来评估自然资产的足迹法包括生态足迹分析法、水足迹法、水生态足迹法和能值生态足迹法。

（1）生态足迹分析法是一种以土地为度量单位的生态可持续性评估方法（Rees，1996），这一方法新颖、可操作性强，已被广泛应用到生态系统资源评估中，但是对于水域仅考虑了渔业生产而忽略了其他的生态系统服务，明显低估了水域生态系统的服务价值。鉴于此，学者们在生态足迹的基础上分别提出了水足迹法（Hoekstra and Hung，2002）和水生态足迹法（范晓秋，2005）。

（2）水足迹是由 Hoekstra 于 2002 年提出的（Chapagain and Hoekstra，2004），是指任何已知人口（一个国家、一个地区或一个人）在一定时间内消耗所有的产品和服务所需要的水资源量，充分反映了人类活动与水资源系统的相互关系。水足迹核算的是广义上的水资源（地表水、地下水和土壤水），是基于虚拟水来计算水资源消耗，其单位为立方米（张义和张合平，2013）。

（3）水生态足迹法是指在生态足迹模型中建立水资源账号或者将传统的水域账号扩大为水资源账户（范晓秋，2005；吴志峰等，2006），用于描述水资源的生态环境和社会经济功能，对应的土地类型是水资源面积。水生态足迹法基于水域全球平均生产能力来核算水资源（地表水和地下水），涵盖了水资源消耗和水域生物生产消耗两方面，通过均衡因子实现各部分的累加（张义和张合平，2013）。

（4）能值生态足迹法是指将能值分析方法与生态足迹理论框架相结合，将不同类型、不同等级的能量流换算成太阳能值，最后计算出研究区域的生态足迹和生态承载力（张芳怡等，2006）。能值生态足迹模型不仅考虑了生物圈生产的可再生资源，还将水力发电、风力等纳入了可再生资源（王国刚等，2012）。

足迹法已经广泛应用于我国区域尺度环境资源的评估上，岳东霞等（2004）采用生态足迹法对甘肃省1991～2001年的生态足迹和生态承载力进行了实证研究，赖力和黄贤金（2005）采用生态足迹法对全国土地利用总体规划目标进行了评估，水足迹法被用于北京市（陈俊旭等，2010）、大连市（郃姗姗等，2008）、甘肃省（王新华等，2005）等区域的水资源评估方面，水生态足迹法也被广泛用于北京市（周文华等，2006）、湖州市（刘子刚和郑瑜，2011）等区域的水资源可持续利用的研究上，能值生态足迹法也被用于研究山东省（王建源等，2007）、黑龙江省（陈春锋等，2008）、天津市（张雪花灯，2011）等区域的生态环境状况和可持续发展方面。

定量指标法是指根据一定的生态学原理，设计一定的简要算法评估不同生态系统服务的价值（吕一河，2013），该方法强调了空间单元上生态系统服务的准确性和实用性，不以生态系统服务的精确估算和模拟为目的。目前的研究多根据生态系统的生产力设计生态系统服务评估的指标和方法（表1-5）（Barral and Oscar，2012）。定量指标法简单易行，能够显示空间尺度上生态系统服务能力的强弱，但不能准确地评估生态系统服务的价值。

模型方法在湿地生态系统服务价值评估中也有广泛的应用。湿地生态系统服务随着时间和空间变化而变化。在不同的空间下，湿地生态系统服务随着土地利用状况以及经济发展状况呈现较大的差异，在不同的时间段，生态环境的变化可以造成生态系统服务的波动。为了更好地描述和评估生态系统服务的动态变化，研究生态系统服务与全球变化、人类政策和土地利用变化的关系，研究者们相继开发了基于“3S”技术的GUMBO模型（Boumans et al.，2002）、InVEST模型（Tallis et al.，2008）和

ARIES 模型（Bagstad et al.，2011）等过程模型。基于过程的模型运用方便，推广度高，能够更好地体现生态系统与周围环境的相互作用（Larocque et al.，2011），但在使用过程中，要想获得高精度的模拟，首先要选择适合各区域特点的软件，其次是对模型参数的修订和验证，尤其是地理分布较为复杂、气候多变的区域，在运用过程模型时，应该从数据的精确度和完整性、参数的准确性以及地形和相关因素等方面来提高软件的模拟精度。目前应用最广泛的模型为 Invest 模型，已经被应用在三江源生态系统（赖敏等，2013）、密云水库（李屹峰等，2013）和美国俄勒冈州威拉米特河谷（Nelson et al.，2009）等区域的生态系统服务价值评估或权衡的研究上。除了过程模型外，基于数学模型的整合分析法（meta-analysis）也被广泛应用到湿地生态系统服务的价值评估中（Woodward and Wui，2001）。整合分析法主要通过统计分析已有的评估案例，然后将评估结果转移到现在的评估案例中。该方法可以指出以往多个湿地研究案例中价值估算出现偏差的原因，应用简单，但在评估时限于条件相似的区域或地点，参照的

表 1-5　基于净初级生产力的生态系统服务定量指标与算法

生态系统服务	简易算法	变量
土壤保持	$NPP(1-VC_{NPP})(1-S_{cf})\times 1.5$	NPP 为净初级生产力；VC_{NPP} 为 NPP 变异性；S_{cf} 为平均坡度修正
碳固定	$NPP(1-VC_{NPP})/(1-O_w)\times 1.5$	O_w 为水体与平原面积比；其他同上
水源涵养与水质净化	$NPP(1-VC_{NPP})IC_s S_{cf}\times 1.75$	IC_s 为土壤渗透系数；其他同上
生物多样性保护	$NPP(1-VC_{NPP})I_w N_f\times 1.75$	I_w 为生态系统水分输入；N_f 为自然度因子；其他同上
干扰控制	$I_wO_w\times 1.25$	同上
废物净化	$NPP(1-VC_{NPP})I_wO_w\times 1.75$	同上
产品提供	$NPP\,H\,Q_f\times 1.5$	H 为收获系数；Q_f 为产品质量因子

注：引自吕一河，2013。

风险较大。

二、滨海湿地生态系统服务价值静态评估研究进展

滨海湿地生态系统是地球上生产力最高、多样性最丰富和最具有价值的生态系统（Wilkinson et al.，1994；Souter et al.，2000；Spalding et al.，2001；Wilkinson et al.，2008），因此，滨海湿地给人类提供了大量有价值的服务（Waite et al.，2014）。为了定量评估滨海湿地生态系统服务价值，国内外学者利用生态学、经济学、环境学等学科的理论和方法开展了相关研究。近些年随着对滨海湿地生态系统功能的认识，也相继展开了相关服务价值评估研究，大致分为 3 个方面：①从全球或全国等大尺度上进行总体评估；②就某个区域的单个滨海湿地服务总价值进行评估；③对整个区域或单个滨海湿地的一项服务或几项服务进行重点评估。

在全球或全国性的滨海湿地生态系统服务价值研究方面，较容易得出评估区域范围内各类型滨海湿地生态系统服务的总价值以及单位面积服务价值。例如，Costanza 等（2006）对全球各类型的生态系统服务进行了价值评估，得出全球滨海湿地生态系统服务总价值为 12.568×10^{12} 美元 /a，单位面积服务价值为 4052 美元 /（$hm^2 \cdot a$），其中海湾生态系统单位面积服务价值高达 22832 美元 /（$hm^2 \cdot a$），是热带雨林生态系统的 11 倍、农田生态系统的 240 多倍；De Groot 等（2012）在对全球生态系统进行单元评估时，得出滨海湿地生态系统单位面积服务价值为 193845 美元 /（$hm^2 \cdot a$），明显高于其他类型生态系统；蔡中华等（2014）对中国生态系统服务价值进行了再计算，红树林和海岸带单位面积服务价值分别为 13421.9 元 /（$hm^2 \cdot a$）和 54481.7 元 /（$hm^2 \cdot a$），总价值分别为 32.1×10^8 元 /a 和 1.74×10^{12} 元 /a。通常来说，对全球或某个国家总的滨海湿地生态系统服务价值的评估，可以获得较大范围湿地的价值，有利于认识滨海湿地的总体价值。

相比全球或全国的整体评估结果而言，地区和单个滨海湿地生态系统服务价值评估的优势在于评估区域生态系统的生态特征和数据来源更为统一和准确，评估的结果也更为精确，更能真实反映生态系统对人类福祉的贡献。如 Costanza（2008）评估了美国滨海湿地防护飓风的服务功能，其价值平均为 8240 美元 /（$hm^2 \cdot a$）；而

西班牙加泰罗尼亚滨海湿地生态系统服务市场价值为 3.195 × 106 美元 /a（Brenner et al.，2010），墨西哥湾西北部滨海湿地生态系统 2003 年的服务价值为 1 亿美元 /a（Camacho-Valdez，2013）；Barbier（2015）利用相关模型估算出滨海与河口湿地的防护飓风服务价值平均为 255 万美元 /a。

评估滨海湿地生态系统的某一项生态系统服务或几个生态系统服务，主要是为了详细阐明滨海湿地生态系统的某一服务的生态学机制或评估方法。例如，辛琨等（2005）运用相关价值评估法对红树林吸附重金属的功能价值进行了评估，得出红树林吸附重金属的价值为 0.62 万～2.01 万元 /（hm^2 · a），净化价值较高。滨海湿地单个评估方法或单项服务价值的评估使得研究内容更具针对性，评估结果的准确性更高。

三、滨海湿地生态系统服务价值动态评估研究进展

土地利用方式的改变是造成滨海湿地生态系统服务功能变化的主要因素之一，土地利用的变化改变了滨海湿地生态系统的结构和功能，影响了滨海湿地提供生态系统服务的能力。当前滨海湿地生态系统服务价值的动态评估主要是结合土地利用变化进行相关研究。

张绪良等（2008）评估了莱州湾南岸滨海湿地生态系统服务价值变化，15 年间湿地生态系统服务总价值降低了 28.8%；单位面积湿地的生态系统服务价值由 4.291 万元 /（hm^2 · a）降至 3.031 万元 /（hm^2 · a），降低了 29.4%；Mendoza-Gonz ά lez 等（2012）对墨西哥湾滨海湿地生态系统服务价值动态评估结果表明城市化导致滨海湿地自然生态系统服务价值减少；Camacho 等（2014）在对锡那罗亚州滨海湿地 2000～2010 年间景观变化进行分析研究时发现，在盐藻、红树林面积减少，而人工湿地面积增加的情况下，相应的服务价值随之下降。以上研究结果表明，引起滨海湿地生态系统服务总价值变化的主要原因有湿地面积减少、湿地功能退化等因素。总的来说，在土地利用方式改变引起的服务价值变化的过程中，通常采用服务价值当量进行直接换算，但往往价值当量并不是适用所有地区，这样会直接影响评估结果的可信度，因此在采用价值当量换算时，通常需要结合评估对象进行校正。而在直接换算过程中

有可能忽略掉某些生态系统服务价值，如果未考虑当地社会、经济因素以及支付意愿、能力的变化，也会导致评估结果的可信度受到影响。

四、滨海湿地生态系统服务价值人类干扰评估研究进展

目前滨海湿地生态系统服务价值方面的评估研究已经取得了一定的进展，但主要集中在服务价值的静态评估和不同时期服务价值动态变化的比较方面。滨海地区人口密度几乎是内陆地区的3倍，并呈指数增长，该地区人为活动最频繁，同时也是退化最快的生态系统。因而，在研究滨海生态系统及其价值的同时，加强人为干扰对其生态系统的影响研究非常有必要。

1. 滨海湿地人为干扰类型

干扰是一种突发性、偶然不可预知且显著地改变系统正常格局的事件，对个体或群体会产生破坏或毁灭性的作用（Sousa et al.，1984；Forman et al.，1986），它能使生态系统、群落或物种结构遭受破坏（White et al.，1985；邬建国等，2000）。干扰在改变景观组分和生态系统结构、功能中起到重要作用，并且促进种群、群落、生态系统甚至整体景观格局的动态变化（魏斌，1996），这种变化和改变往往破坏生态系统、群落或种群的结构。

人为干扰是指人类的生产、生活和其他社会活动形成的干扰体对自然环境和生态系统施加的各种影响。随着人类经济社会活动深度和广度的拓展，人类活动打破了自然生态系统的良性循环，扰动了自然生态系统物质循环、能量流动和信息传递的固有渠道和藕合关系，致使生态系统的生态环境问题不断恶化。研究表明，中国生态系统退化达国土面积的45%左右，退化的根本驱动力是日益增强的人为干扰。

滨海湿地是全球开发最为严重的生态系统之一，滨海区仅占全球陆地面积的4%和海洋面积的11%，但却拥有世界1/3的人口和90%的海洋捕鱼活动（MA，2005）。沿海居民的生存发展及其经济活动完全依靠滨海与河口湿地提供的各种服务来维持，如提供鱼产品、增强水体净化能力等。然而，人为干扰正在威胁全球滨海河口生态系统及其提供的福利（MA，2005；Lotze et al.，2006）。

随着社会发展而日益增多的人为干扰已经成为了湿地生态系统良性发展的制约因素。目前，对滨海湿地生态系统产生不良影响的主要人为干扰因素包括农业开垦、城市开发、水利工程、采矿油井、工厂施工、道路和桥梁的修建等（李凤娟，2005）；王树功等（2005）认为河口湿地的主要人为干扰类型有围垦、填海、码头建设及环境污染等；而叶功富等（2010）发现导致泉州湾河口湿地生态系统退化的主要人为因素有生活污水和工业废水等污染物的排放、水利工程修建和大规模围塘养殖。

综上，我们不难发现，不同地区湿地的人为干扰类型不尽相同，且干扰方式多种多样，但最主要的干扰方式有湿地改造、土地利用方式转变、水利工程建设、城市化、工业化、围网养殖、污染物排放等。

2. 滨海湿地人为干扰定性评估

滨海湿地是生态环境变化最剧烈和生态系统最易受到破坏的高脆弱性生态系统。在较小的时空背景下，人类活动作为一种外在因子叠加于自然因子之上，加快了湿地环境演变的进程，并使之逐渐偏离自然演替的轨迹。人口压力、传统工农业生产和经营方式及人们对经济利益的盲目追求是导致湿地资源变化的主要原因，而过度掠取自然资源等人类活动所引起的生境破坏或片段化以及环境质量的恶化是导致滨海湿地生态系统退化的主要因素（Osvaldo，2003）。随着人类活动的加强，滨海湿地生态系统健康状态逐渐下降，生态系统生产力下降、组织结构混乱、生态功能日益减弱。人类为了获取大量生产和生活资料对滨海湿地资源进行了大规模的开发利用活动，给滨海湿地生态系统带来了严重的负面影响。

土地利用变化是造成滨海湿地生态系统退化的主要原因。土地利用类型的变化，既包括了其自身的变化，又包括外界自然和人为干扰产生的变化，但人为干扰因素最大。滨海地区土地利用类型变化的人为干扰活动主要有围垦造田、填海造陆、城镇化、油气盐田开采等。

围垦是造成滨海湿地大面积减少的主要原因，全球海岸湿地由于围垦正以每年1%的速率消减，近40～50年间，中国沿海地区已围垦滩涂 1.2×10^6 hm^2，围海造地工程使沿岸湿地面积平均以20000 hm^2/a 的速率减少，中国沿海兴建的养殖池面积已达到1.0106 hm^2（石青峰，2004；Huang et al.，2008）。围垦是一种人为可以短时间内改变整个环境的行为，在这个过程中，景观、生态系统都发生了变化（Ghazali，2006）。人为活动将天然湿地（滩涂）一部分转变为人工湿地（养殖场、水稻田），导致滨海湿地景观单一化趋势明显，使区域自然水域向人工水域演变，大大降低了区域的防洪和保持生物多样性等生态功能（王宪礼，1997；林巧莺，2006）。天然水域、滩涂和苇田面积的减少不仅降低了区域蓄水与防洪抗旱的生态功能，还降低了生物多样性保护功能，其中由滩涂转变为水田最为明显（孙剑，2006）。

围垦筑堤等活动阻断了海陆之间物质的正常输送，使滩涂植物的生长受到威胁（Bernhardt et al.，2003），植被演替发生变化（Min et al.，2000）。葛振鸣等（2005）对崇明东滩湿地98大堤内生态示范区研究发现，堤坝的建设使土壤呈现明显的旱化和盐渍化，植被群落结构呈典型的次生演替，芦苇塘演替为次生裸地，适宜旱地的耐盐植物獐茅和翅碱蓬等先锋植物出现。围垦等人类活动通过改变潮滩湿地生境中的多种环境因子从而影响生物群落结构及多样性。Naser（2011）利用缩影实验室模拟发现，不同的物种对泥沙沉积的响应不同，围填海改变泥沙沉积特性从而对湿地动物群落产生影响，这一结论得到相关研究的证实。黄少峰等（2011）对珠江口大型底栖动物群落的研究发现，自然滩涂底栖动物种类数、栖息密度、生物量均普遍高于围垦滩涂，滩涂围垦可造成滩涂生境改变，从而导致底栖动物群落结构简单，生物组成单一。Forcey 等（2011）通过对美国 Prairie Pothole 地区水鸟多样性的影响研究发现，湿地面积是影响水鸟多样性的主要原因。天然湿地用途的改变会显著增加湿地温室气体排放，围填海对湿地温室气体排放产生重要的影响。Kasimir 等（1997）研究发现，天然湿地变为草地和农田后，CO_2 净释放量增加了 5～23 倍。围填海改变了三角洲地区有机碳等物质通量，进而影响陆地—海洋—大气碳转换（Bianchi et al.，2009）。另外，围垦造田会降低滩涂土壤有机碳（SOC）和土壤总氮（STN）的含量（Wang et al.，2015）。

沿海城市的开发、港口码头的新（扩）建是造成滨海湿地面积不断减少的另一个重要因素（徐东霞，2007）。与原始海岸湿地相比，受城市影响的滨海湿地在生物、物理、生态、水文和地貌等方面都有显著差异，发生了较大改变（John，2000）。城镇化使滨海湿地原始生态系统的生物环境的组成和结构发生改变，导致生产与消费有机体的比例失衡。

城市化过程中产生的污染和人为干扰严重破坏了鸟类赖以生存的栖息地，打乱了鸟类与栖息地原有的关系，特别是水鸟对水质和人为干扰比较敏感，它们的迁徙性以及对湿地的依赖性，也导致其对景观变化的敏感性（Farmer et al.，1997），而鸟类群落的丰富度和物种多样性也随城市化程度的提高而下降（John，1974；Beissinger et al.，1982）。Dodds 等（2000）研究发现频繁的河床扰动及不稳定性会限制藻类的繁殖，而 Olguin（2000）在研究藻类对金属敏感性时发现，河床中泥沙金属的聚集对藻类是毁灭性的，河流、湖泊的富营养化、泥沙淤积、水温变化、毒素聚集会引起无脊椎动物数量急剧减少。Tenzer 等（1999）通过分析安大略湖泊沉积物碳氢化合物的特征及其分布，发现湖泊沉积物中有机质聚集与人类活动，尤其是与城市化密切相关。印度学者 Babu（2000）发现 Lucknon 市区 Gomati 河流沉积物中重金属（Cd、Cr、Pb 和 Zn）的含量较高，且城市化过程与 Gomati 河流沉积物中重金属的高含量密切相关。

滨海湿地往往蕴藏有丰富的矿产资源，包括石油、天然气等，人类为了自身的发展，便对资源进行大量的开采。在开采过程中，引起的土壤扰动、噪声污染以及溢油等势必会对湿地生态系统造成较大影响（贾雪峰，2011）。另外油气的开发，除占用较大面积的湿地造成植被遭到破坏外，对植被生长、水质环境、土壤环境、区域空气环境以及鸟类都具有较大影响（Yu et al.，2003；肖能文，2011；Kireeva et al.，2012；Esra et al.，2014）。溢油导致水体受到有机污染，会造成鱼类死亡或者畸形（Beatriz et al.，2004）；而因油膜阻碍了 O_2 和 CO_2 的扩散，质膜和叶绿体被瓦解，叶绿素 a 被破坏以及一些光合作用酶的活性受到干扰等，从而抑制海藻进行光合作用（Stekoll et al.，2000）。例如，在密西西比三角洲，溢油直接影响植物的新陈代谢，破坏细胞结构，减少氧的交换（Koa et al.，2004）。

人类活动对湿地生态系统的干扰的途径主要有改变生境、生态结构、生物地球化学循环，从而改变生态系统结构、功能及服务。人为干扰对湿地生态系统服务的影响极其复杂，一种人类活动方式可以影响生态系统的多种服务；一种服务功能的影响可以由多种人类活动方式所导致（表 1-6）。

表 1-6　主要人为干扰对湿地生态系统服务的影响

干扰类型	对生态系统的影响	对生态系统服务的影响	对生态系统服务影响的后果
湿地开垦	结构改变、生境破碎、温室气体排放、改变生物地球化学循环	生物多样性及维持能力降低、影响湿地生态系统对大气和气候的调节过程、影响物质贮存和循环、破坏土壤形成与保护	生境丧失、物种锐减、温室效应、水土流失、土地退化、旱涝灾害增加
城市化、工业化	生境破碎、排放污染物、改变物质循环	生物多样性及维持能力降低、影响湿地生态系统对大气和气候的调节过程、损害湿地生态系统的净化能力	湿地服务减少或丧失、物种锐减、气候变化、环境污染
围垦养殖	改变生态系统结构、大量化肥和饲料进入生态系统改变生态系统循环、破坏生态链	削弱湿地生态系统净化环境的能力、影响调节功能、降低生物多样性水平	水污染、氮沉降、富营养化、旱涝灾害增加、物种减少
油气开采	破坏生境、化学污染、排放污染物	影响湿地生态系统的净化功能，降低水文、大气调节能力、破坏土壤形成与保护	温室效应、环境污染、物种减少
围填海	破坏湿地生境和生态结构	降低生物多样性维持功能、破坏土壤形成与保护、降低水文调节和灾害缓冲能力	水土流失、食品减少、防御能力减弱

综上，不同的人为干扰方式对滨海湿地生态环境、生态结构、过程、功能、服务等方面造成了不同程度的影响；那么，人为干扰对滨海湿地生态系统影响程度有多少，如何量化影响程度是需要我们进一步研究的科学问题。

3. 滨海湿地人为干扰量化评估

由于人类社会对滨海湿地的大面积开发，在促进沿海社会经济繁荣的同时，也带来近海湿地减少、红树林等特殊生境被破坏、航道淤积、海岸侵蚀、生物多样性下降等一系列负面效应，导致近海生态系统受到严重破坏。目前的研究多集中在人为活动对生态系统的负面影响，但在量化其影响程度方面的研究较少，仅在围填海对生态系统服务价值损失研究方面有少量相关报道（李睿倩等，2012；隋玉正等，2013；Wang et al.，2013）。

填海造陆是缓解沿海地区土地资源性和结构性短缺问题的有效手段，但是大规模填海活动对海域性质改变、滨海生态系统服务损失等产生一系列负面影响。如何合理量化填海造陆造成的生态代价，实现全面的成本核算逐渐成为研究热点。例如，李睿倩等（2012）利用能值法，针对填海工程造成的供给、调节、文化、支持 4 类生态系统服务损失构建了能值估算模型，并分析了烟台套子湾填海工程导致的生态系统服务的损失，能值货币价值损失总计 2.28×10^{14} 元，单位面积的能值货币价值损失 1.73×10^{12} 元／（$hm^2 \cdot a$），远远高于依据现行的生态补偿评估方法计算的结果，同时也远高于王静等（2009）的评估结果。Wang 等（2013）在对厦门不同海域填海损失评估时，得出结果为 15.48～20.47 美元／（$m^2 \cdot a$），洞头县 2004～2010 年填海造地导致海岛海洋生态系统服务价值年损失 13626.95 万元（隋玉正等，2013）。

五、滨海湿地生态系统服务评估存在的问题

1. 评估指标和评估方法仍需要完善

目前，对滨海湿地生态系统服务的直接价值和使用价值进行评估，相比较而言比较容易，也已经形成了一些规范的评估方法，但是对于湿地生态系统非使用价值的估算，目前的方法还存在一些问题。非使用价值是对未来可能价值的一种推测，是人们出于对湿地的偏好而愿意支付的费用，其调查结果受主观因素影响很大，例如调查的人口基数和社会群体发生变化，其结果差异很大。另外，对于一些重要的湿地生态系统服务价值，如提供生物栖息地、保护生物多样性的价值，目前也缺少能形成共识的评估方法。

大多数研究对于价值量评估中出现的问题缺乏深入探讨，评估结果科学性和合理性也需要进行验证，不同专业背景的人对生态系统服务的关注重点各不相同，采用的评估指标也不一致，对于同一区域的生态系统服务指标采用不同的评估方法，结果有

较大差异。截至目前，关于湿地生态系统服务价值评估还没有形成统一的技术标准，评估结果的可比性不强。因此，需要进一步深入研究和完善估算方法，构建合理可行的估算指标体系。

2. 缺乏不同尺度的理论研究和应用研究

湿地价值评估研究尤其是大尺度湿地的复杂性和困难性是许多生态学家、地学家们的共识（邬建国，2000；Schulze R，2000；Bugmann et al.，2000；李双成和蔡运龙，2005；胡云峰等，2012）。很多学者直接应用未改进的 Costanza 生态系统类型单位面积价值或者直接参考谢高地改进的价值量来计算总价值，这样的计算方法，忽略了湿地的空间异质性，对不同生态单元、不同地理单元的湿地价值进行尺度上推的研究缺乏一定的理论根据。

当前，在滨海湿地生态系统服务价值评估中，对不同时空尺度的湿地进行评估的研究缺少理论支撑。同一湿地生态系统在不同的时空尺度中，其生态系统服务价值是不同的；多个单一生态系统的服务功能价值在一个大尺度下也是不能进行简单的相加。因此需要选择适宜的生态系统尺度，找出影响生态系统服务的各种影响因素，筛选出必要的因子作为评估时的参数。今后在大尺度滨海湿地生态系统价值评估中，需探索特征尺度的确定原则和标准，用一定的统计参数来度量湿地价值评估中变化规律较明显的尺度。

3. 尺度转换研究中的模型参数问题

在对滨海湿地生态系统服务价值评估的过程中，采用了很多重要的参数，这些参数或是根据我国当时的社会经济状况进行的科学估量，或是国外学者基于本国当时情况确定的。随着全球经济的繁荣尤其是我国经济飞速发展，各种参数的价格都发生了很大的变化，因此在使用这些参数的时候需要结合当时当地的实际情况。

湿地生态系统是一个复杂的系统，受到诸多因素的影响，而大部分学者在生态因子层面调整的较多，少有研究从社会经济层面调整。在选择影响因子要素的时候，一般需要对相关要素做系统分析，以免因遗漏某些因素而导致尺度转换研究的失败。而根据这些因素所构建的数学表达式既应当反映大尺度上的现象和过程，又要与小尺度范围内的问题保持一致，并体现出尺度转换的特征。对于通过模型模拟最后得出的结果，还需要进行其不确定性或误差的分析来验证方法的合理性。

4. 缺乏对湿地生态系统去重复性计算的研究

湿地生态系统是一个复杂的、动态的系统，湿地生态系统服务的产生、传输、消费和再生产其实是一个循环的过程，鉴于目前湿地生态系统服务内部关系复杂、评估方法存在缺陷、评估过程中未考虑服务所占权重等问题，对湿地生态系统服务的评估势必会对结果的精确度造成影响。

滨海湿地生态系统的复杂性、服务的多样性、评估方法的多样性等决定了滨海湿地生态系统服务重复计算产生原因的复杂性。针对滨海湿地生态系统服务的研究应从湿地生态系统功能与服务的关系、服务分类、服务指标的模糊、服务尺度等一系列角度出发，从而能有效地避免重复计算。

5. 缺乏对湿地生态系统服务机理的深入研究

目前对湿地生态系统为人类提供服务的认识还不完全，对湿地生态系统服务存在的内在机理和过程尚未形成清楚的认识，使得生态系统服务及其价值评估缺乏可靠的生态学基础，从而影响湿地生态系统服务价值评估结果的科学性和可靠性。

第 二 章

滨海湿地生态特征及服务功能构成

张曼胤 摄

第一节　滨海湿地生态特征变化与生态系统服务功能的互馈机制

滨海湿地生态特征是指滨海湿地生物化学及物理组分之间的结构及相互关系，主要包括生态系统组分结构及生态过程（表 2-1）。滨海湿地生态系统服务功能是指滨海湿地生态系统与生态过程所形成、所维持的人类赖以生存的自然环境条件和效用。一方面，滨海湿地各生态组分的生态过程直接影响其服务功能的各个方面。另一方面，滨海湿地服务功能将影响滨海湿地生态组分的非生物因素，如气候、污染物等，而非生物因素则进一步影响滨海湿地的组分与结构（图 2-1 和表 2-2）。

表 2-1　滨海湿地生态系统服务与生态特征

生态系统服务	生态特征与生态过程
水产业	鱼、虾、藻类等产品
水资源非消耗性使用	水力发电和水运
纤维和燃料	木材生产、薪材、草帽、泥炭、草料等
生化产品和医药资源	从湿地生物中获取的医用资源和其他物质材料
气候调节	温室气体调节，温度、湿度、降水及其他气候因子调节

（续）

生态系统服务	生态特征与生态过程
空气质量调节	调节空气粉尘和颗粒物，如 $PM_{2.5}$
水文调节	对影响地下水补给、地表径流的水文因子进行调节
水质净化和废弃物处理	通过拦截、稀释、吸收等生态过程转化和分散剩余营养物质和污染物
侵蚀调节	土壤保持、减轻风蚀和水蚀
自然灾害调节	削减洪峰径流和风暴
生物调节	控制有害生物
娱乐	自然景观要素和野生动植物为人类提供旅游和娱乐服务
美学观赏	自然风景观赏
科学教育	科研价值和学校教育基地
文化遗产	具有重要历史意义的遗产及地方归属感
精神和艺术灵感	为艺术和宗教信仰提供灵感
水循环	在生态系统内发生的降水、蒸发、渗漏、径流等水循环过程
养分循环	养分的拦截、循环、迁移、富集等生态过程
栖息地	为本地物种和迁徙物种提供生境
生物多样性	物种多样性、遗产多样性、生态系统多样性
初级生产	绿色植物和藻类通过光合作用对能量和营养物质的同化和聚集过程

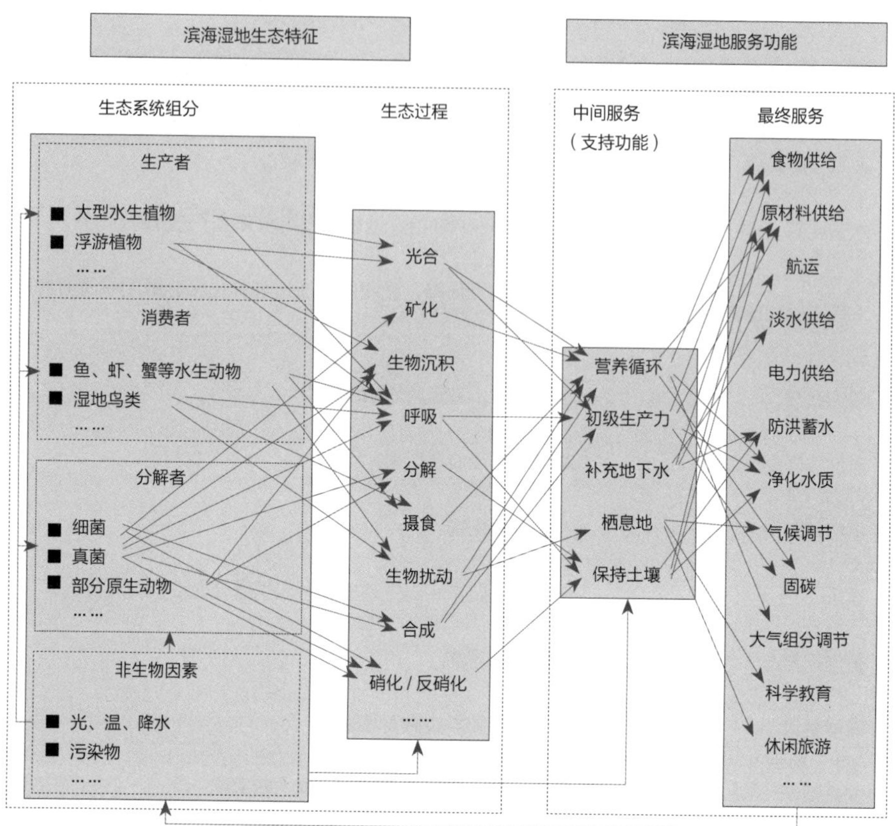

图 2-1　滨海湿地生态特征与服务功能的相互关系

表 2-2　滨海湿地生态系统部分功能与服务的关系

功能 \ 服务	水文流通和储存	生物生产力	生物化学循环和储存	分解	栖息地
食物生产		3			2
原材料	1	3			2
药材		2		1	3
调洪蓄水	3	2			
水质净化（废弃物处理）	2	2	3		

（续）

功能 \ 服务	水文流通和储存	生物生产力	生物化学循环和储存	分解	栖息地
土壤保持	3	2	1		
气候调节	3				
固碳		3		3	
文化	3	2			2
休闲娱乐	2				3
科研教育	3	3	3	3	3
营养循环		2	3	2	
初级生产力		3	2	1	1
栖息地					3
地下水补给	3				
涵养水源	3				

注：数字 3、2、1 表示服务受功能主要影响的程度，空白的是不确定或者没有影响。

滨海湿地生态系统包含众多服务，在总价值评估时，如果对每种一服务都进行评估然后加和会导致重复计算。为了避免重复计算，应将滨海湿地生态系统服务分为中间服务和最终服务（表 2-3）。最终服务指的是类似于 MA 分类体系中的供给服务和文化服务，能够为人类效益产生直接贡献，如物质生产和休闲旅游。中间服务指的是类似于 MA 分类体系中的支持服务或部分调节服务，通过复杂的组合方式形成最终服务，间接地对人类效益产生贡献，如净初级生产力。效益是指一些明显影响人类福祉或改变人类福祉的事物，如更多的食物，更少的洪水。中间服务也具有价值，甚至可能比最终服务的价值大，只是在计算湿地生态系统服务的总价值时，不能将中间服务和最终服务一起计算，因为前者的效益通过后者来体现。中间服务可以被计算在总价值中的唯一条件为其所对应的最终服务无法计算。在对湿地生态系统服务进行分类时，我们需要清楚哪些是最终服务，选择的唯一标准是对人类效益产生直接贡献，尤其要注意那些本身既是服务又是功能的服务。

表 2-3　滨海湿地生态系统服务的分类体系

中间服务	最终服务	效益
营养循环	食物生产	食物
初级生产力	原材料生产	薪材、木材
土壤形成	气候调节	舒适的气候
授粉	侵蚀控制	疾病控制
涵养水源	休闲旅游	休闲旅游
生物多样性维持	科研教育	认知 / 美学
其他服务	调蓄洪水	更少的洪水
	供水	饮用水
	水质净化	更好的水质
	其他服务	其他

通过滨海湿地生态系统功能与服务的关系可以看出，一些湿地生态系统功能本身也是服务，同时又通过一系列作用参与到其他服务的形成，如净初级生产力。结合滨海湿地生态系统服务的因果关系可以看出这些本身是功能的服务多属于中间服务，在计算时应与其他服务区别开来，将生态系统功能与生态系统服务分开评估。因此，无论是从为人类提供效益的角度还是从湿地功能与服务关系的角度出发，为了减少重复计算，都应将那些本身是功能的服务与其他服务区分开来，根据具体的评估环境，决定是否评估。

不同地区、不同尺度的滨海湿地生态系统及其周边的社会经济环境的不同，会导致人们关注的最终效益不同，最终服务也会变得不同。在确定湿地生态系统的最终服务时，要综合考虑湿地的结构、过程和功能，结合当地的社会经济情况和利益相关者，以对人类效益的直接贡献为标准，确定该湿地的最终服务。

第二节 滨海湿地主导服务功能确定技术

一、滨海湿地生态系统主导服务功能确定技术流程

主导服务就是指起主导作用的生态系统服务，是指研究区域内能显著促进人类生存及生活质量，对区域可持续发展更为重要的生态系统服务功能。由于区域特点、人类活动影响程度以及功能定位的不同，表征的主导服务也不同，所以对主导服务的判别，也要结合地理位置、人类需要、社会经济进行（图 2-2）。

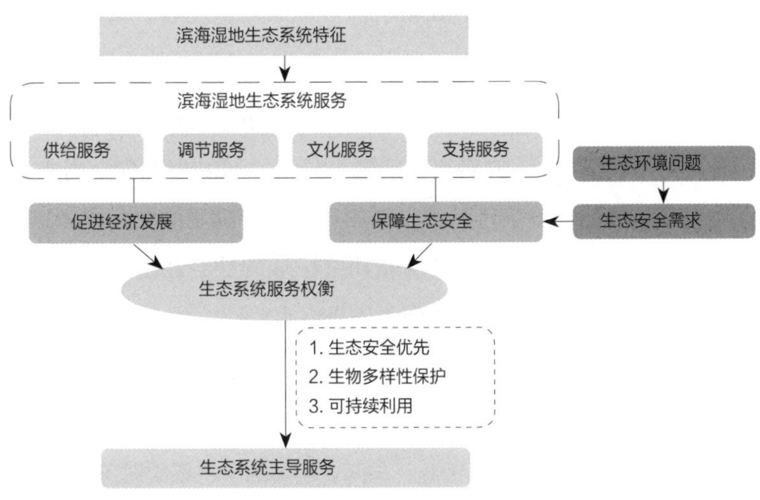

图 2-2 滨海湿地生态系统主导服务确定技术流程

二、滨海湿地生态系统主导服务功能确定

滨海湿地生态系统主导服务功能确定具体分为5个步骤：

（1）分析研究区域滨海湿地生态系统特征。不同的滨海湿地生态系统特征决定了其提供的生态系统服务的不同，如红树林主要为人类提供了消浪护岸、固碳等服务，而海水养殖主要是提供了海产品供给服务。主导服务功能确定技术首先要分析研究区域生态系统特征，如滨海湿地湿地类型、所占比例等，从而逐步确定其提供的生态系统服务类型及价值。

（2）确定滨海湿地为人类提供的生态系统服务。在第一步分析结果的基础上结合实地考察与文献调研等工作确定研究区域滨海湿地为人类提供的各种生态系统服务，包括供给服务、调节服务、文化服务、支持服务4类，并分析每一种生态系统服务与区域生态安全、社会经济发展的内在联系。

（3）研究区域需求分析。不同的研究区域由于其独特的自然本底条件和社会经济条件对生态系统服务的需求也不近相同。就自然条件而言，它包括地理位置、河流水系、水文气象、生境状况等。如中国南方沿海城市经常遭受台风等极端自然灾害的影响，所以消浪护岸作用十分重要，良好的珊瑚、植被状况可有效地抵御风暴灾害，而北方沿海城市则相对更侧重于滨海湿地的休闲旅游服务，合理的景观布局更为重要。社会经济状况包括人口状况、农业、工业、服务业布局情况等，城市地区主要是满足居民休闲游憩的需求，而农村地区则需要保障渔业生产等以维持生计。

针对研究区域的不同，首先要分析研究区域存在的生态环境问题（如水体污染、外来物种入侵、海水倒灌等），针对这些问题分析该区域的生态安全需求。生态安全需求是指人类生存环境处于健康可持续发展的状态需要满足的条件（如Ⅲ类水质、物种多样性、地下水水位等）。其次，要分析研究区域的社会经济条件，如某些海滨城市主要依靠旅游业收入维持生计，有的则是依靠海水养殖。

（4）生态系统服务权衡。保障生态安全与促进经济发展一直以来都是处于一种相互对立的关系中，经济的发展多数依赖于生态环境的破坏，而生态环境保护措施的实施往往会对经济发展造成一定程度的困扰。因此，与两者相关的生态系统服务也是这样一种类似的关系。要确定生态系统主导服务必须将这些服务进行权衡，权衡依据3个原则：①生态

安全优先；②生物多样性保护；③可持续利用。在这 3 个原则指导下进行生态系统服务的权衡确定其主导服务。

（5）确定主导服务。在前面 4 个步骤的基础上确定研究区域滨海湿地生态系统主导服务。在整理国内外研究论文的基础上，结合中国滨海湿地的实际现状，依据科学、全面、操作性强的原则，采用文献收集及专家咨询法对滨海湿地主导服务功能进行筛选，确定滨海湿地生态系统的主导服务功能（表 2-4），并针对主导服务功能，设置滨海湿地生态系统服务功能价值评估指标体系。

表 2-4　典型滨海湿地生态服务功能内涵

服务功能	内涵	主要生态功能
湿地供给功能	人类从湿地生态系统获取的各种产品	①水资源供给 ②物质生产（水产品和原材料） ③水利发电 ④航运
湿地调节功能	从湿地生态系统过程的调节作用当中获取的各种效益	①调蓄洪水 ②水源涵养 ③水质净化 ④土壤保持 ⑤营养循环 ⑥降解污染物 ⑦大气调节 ⑧固碳释氧 ⑨促淤造陆 ⑩消浪护岸
湿地支持功能	支撑湿地生态系统供给、调节和文化功能的基础	①生物多样性维持 ②栖息地保护 ③营养循环 ④保持土壤
湿地文化功能	人类通过精神满足、认知发展、思考、消遣和美学体验从湿地生态系统中获得的非物质效益	①科研文化 ②休闲娱乐

第 三 章

滨海湿地主导服务功能变化及其驱动机制

康晓明 摄

第一节　滨海湿地生态系统物质循环功能及其驱动机制

滨海湿地生态系统作为全球生态系统的重要类型，生态系统物质循环是滨海湿地生态系统服务中一个非常重要的功能（Friedlingstein et al.，2006；Huntingford et al.，2009）。植物凋落物分解是滨海湿地生态系统物质循环的关键过程之一（McLusky and Elliott，2004）。它可以调节土壤中的碳和养分循环并释放 CO_2 到大气环境中，进而控制生物圈与大气圈的碳通量。生态系统中植物所吸收的养分，包括 90% 以上的氮和磷以及 60% 以上的矿质元素都来自于植物通过凋落物分解过程归还给土壤的养分再循环（Cummins et al.，1989；Graca，2001；Quintino et al.，2009）。因此，研究凋落物分解过程有助于我们了解和分析整个滨海湿地生态系统物质循环过程、功能及其驱动因子。此外，滨海湿地土壤氮、磷和有机碳含量变化会显著影响生态系统的生产力，其中氮、磷是湿地土壤中的主要限制性养分，而土壤有机碳是气候变化的敏感性指示物，能对气候变化作出响应（Agren，2008）。同时，滨海湿地在氮、磷和有机污染物的去除方面发挥着重要作用（王绍强等，2008）。在滨海湿地的围垦过程中，水位是影响土壤碳、氮、磷循环过程和温室气体排放的重要影响因素（Davidson et al.，2006；Tiiva et al.，2009）。例如，杭州湾湿地作为中国主要滨海湿地分布区之一，目前面临着开垦迅猛、面积骤减、水位下降等问题。

一、滨海湿地生态系统凋落物分解及其驱动机制

以往的研究结果表明生态系统物质循环的主要驱动因子分为三大类：①凋落物质量；②气候，包括温度、湿度、pH、光照、土壤等环境参数；③分解者群落特征(Swift et al.，1979)。全球范围内，绝大部分的凋落物分解速率受气温和降水的影响，但最近一项 Meta 分析结果表明，由物种所引起的凋落物分解速率的变异甚至大于气候因子所引起的变异（Cornwell et al.，2008）。物种间分解速率的变异可能是物种间某些与分解相关的性状差异引起的，如叶片氮素含量、木质素含量、单宁含量、叶片比叶面积、叶片干物质含量、叶片硬度等。绝大部分凋落物分解方面的研究都围绕环境、凋落物质量或者分解者三个方面进行展开，任何影响到上述三方面的因素都将影响植物凋落物的分解速率，进而影响到整个生态系统的功能。

凋落物分解研究的两个最基本方法是纤维素降解法和分解袋法。①纤维素降解法，它是利用 100% 纯棉材料作为植物凋落物的替代物，将大小一致的棉布材料放置到土壤或水体中，经过一段时间的自然降解，比较棉布材料自身拉力的变化情况，进而间接了解不同土壤、水体环境物质循环的速率（Tiegs et al.，2007；Vysna et al.，2014）。②分解袋法，它是由法国 Bocock 和 Gilbert 发明的。这种方法的原理是在不可降解和柔软材料的袋中装入一定的有机物（如凋落物的根、茎、叶或纤维纸等），然后将凋落物分解袋放置在土壤表面，或埋置在深度 5～10 cm 土壤（或者凋落物）中，或是置于河流、湖泊中。并根据实验设计在不同的时间间隔之后收获之前放置的分解袋，通过比较分解袋放置前后的重量、质量（化学组成）等因素的差异，来研究凋落物分解的速率及影响机制等。

为了探究滨海湿地不同植被条件下土壤的纤维素分解能力及不同植被条件下或不同现象影响下植物凋落物分解速率的变化及其驱动因子，在辽宁双台河口湿地利用纤维素降解法和分解袋法相结合的方法进行了相关研究。研究发现：不同植物覆被土壤的理化性质存在较为显著的差异。土壤深度能够影响土壤磷、土壤阳离子浓度及土壤电导率。土壤纤维素分解情况表明，芦苇群落内土壤纤维素分解速率显著低于翅碱蓬群落；翅碱蓬群落边缘土壤纤维素分解能力也要显著低于翅碱蓬群落内部土壤。后者说明翅碱蓬群落的退化可能会降低土壤的物质循环的速率。然而，裸滩土壤纤维素分解能力并不低于翅碱蓬群落，可能的原因是裸滩含有较高的土壤有机质，进而提高了

土壤微生物的活性，促进了土壤物质循环速率，这也弥补了由于翅碱蓬群落退化（消失）而使土壤物质循环速率降低（图 3-1）。

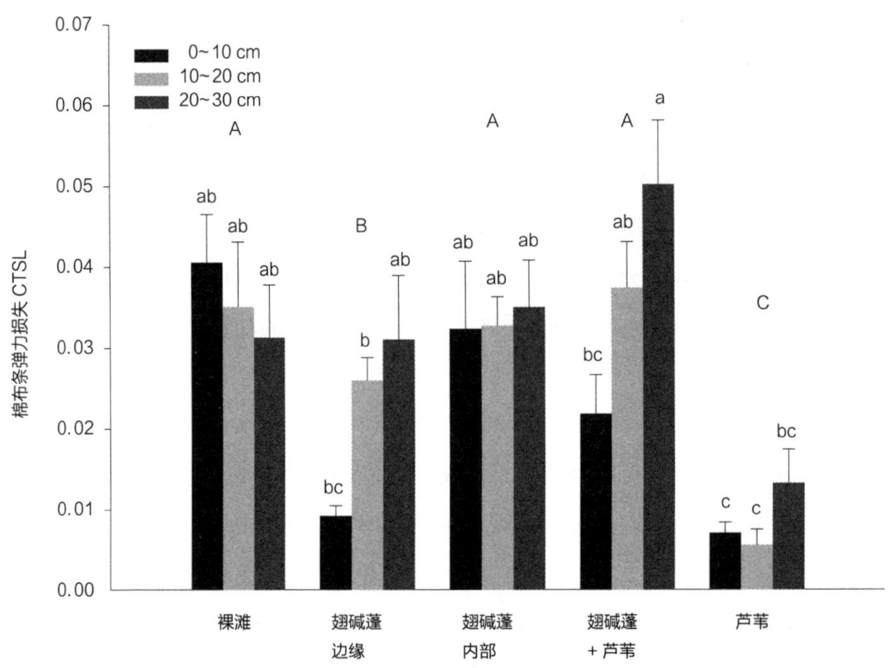

图 3-1　不同植被条件下土壤纤维素分解能力

此外，土壤理化性质是影响和制约土壤物质循环速率的主要环境变量。本研究采用纤维素降解法来探寻影响土壤物质循环速率的主导环境因子，即起决定作用的土壤理化性质。选用纤维素降解法一方面是因为纤维素是植物凋落物中的重要组成成分，研究纤维素的分解可以很好地模拟植物凋落物分解；另一方面是因为纤维素降解法在河流、沼泽等湿地生态系统研究中常常被应用。研究表明影响土壤纤维素分解速率的主要环境因子包括土壤电导率、土壤全碳（C）含量和土壤全氮（N）含量，而并不受其他土壤化学元素含量的影响（P、K、Ca、Mg、Na 等），也与土壤有机质含量没有直接关系（图 3-2）。

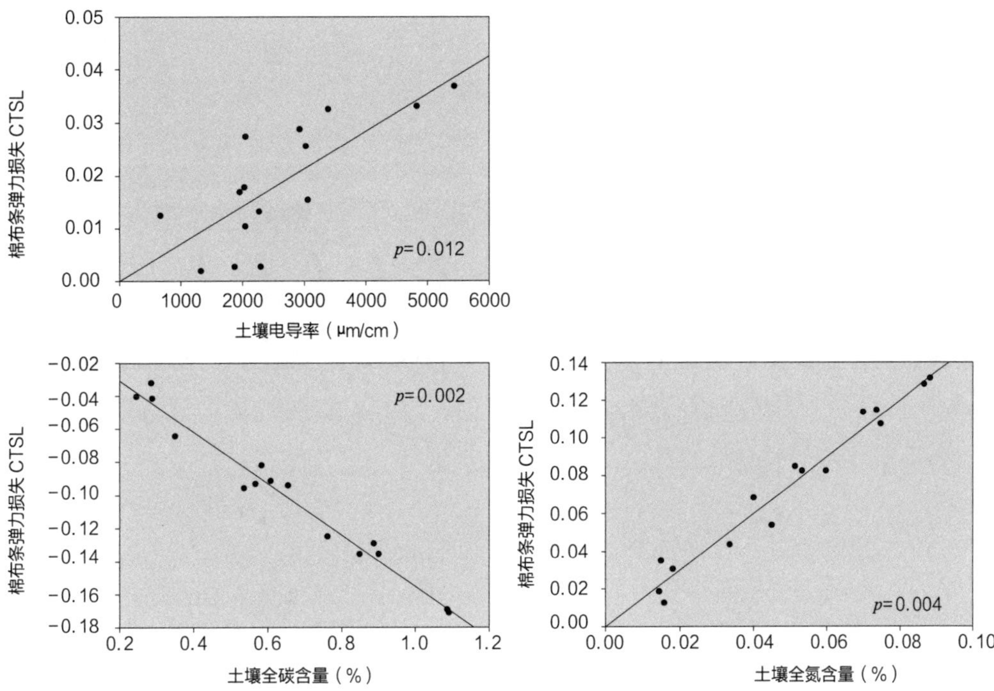

图 3-2　土壤理化性质与土壤纤维素分解能力之间的关系

近年来，盘锦红海滩出现了一种现象：越来越多的芦苇开始进入到红海滩，这一现象最直接的影响就是导致有芦苇进入的红海滩区域鸟类种群数量，尤其是黑嘴鸥的数量大量减少。海鸟数量的减少会直接降低海鸟粪便对湿地生态系统土壤元素的补充，影响整个滨海湿地生态系统的物质循环过程。以往的研究表明外来物种的进入可能改变生态系统内凋落物的分解过程，进而影响生态系统内 C、N 元素的循环。有新物种进入的生态系统比起原生态系统可能有更高的生态系统 C 和 N 储量。然而，也有研究发现当外来草本植物入侵到干旱的热带森林后，土壤的 N 储量在减少。因此，芦苇进入红海滩对生态系统功能产生的影响具有不确定性。

基于上述芦苇进入红海滩的现象，进行了原位—移植—分解实验设计。利用 2014 年年底采集收获的翅碱蓬凋落物，根据凋落物的来源的不同，分别装入 2 种网眼大小不同的分解袋，然后将所有凋落物分别放置在 2 种生境内，进而验证芦苇进入翅碱蓬群落对凋落物分解过程的影响。具体实验设计见图 3-3。研究持续 10 个月，分两次收获（5 个月后和 10 个月后）。

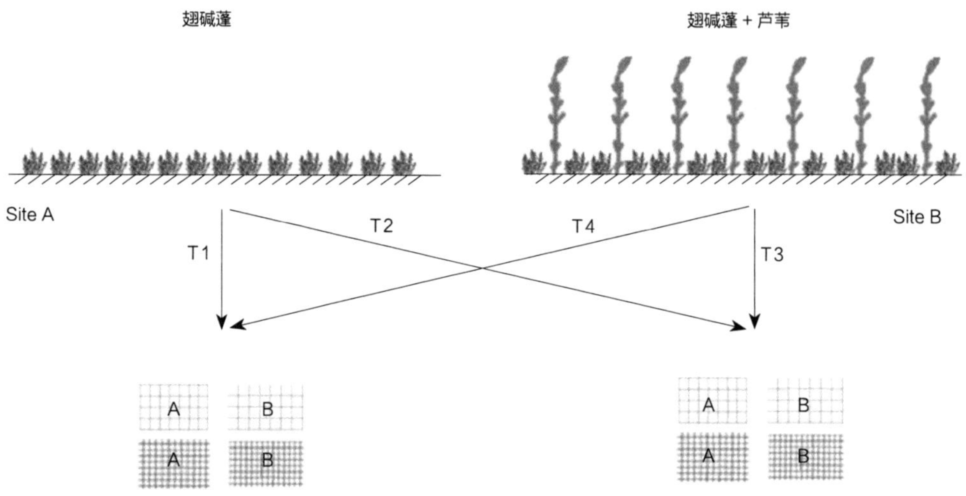

图 3-3　滨海湿地物质循环实验设计

研究结果表明，芦苇侵入翅碱蓬群落影响了翅碱蓬凋落物的分解过程（图 3-4）。不仅影响了翅碱蓬凋落物自身的凋落物质量，而且影响了土壤理化性质（土壤全 C、全 N、全 P、土壤阳离子浓度、土壤有机质含量、土壤电导率等），进而从地上、地下过程共同影响凋落物的分解过程。具体来说，没有芦苇侵入的翅碱蓬凋落物比起有芦苇侵入的翅碱蓬凋落物分解要快，这是因为没有芦苇侵入的翅碱蓬群落凋落物具有较低的 C/N，即较高的可利用氮；而有芦苇侵入的翅碱蓬群落内凋落物分解速率在前期分解较快，这可能与土壤理化性质改变、土壤微生物及土壤动物组成有关。此外，翅碱蓬凋落物分解速率并不满足“主场优势”的假设，即凋落物在其来源地分解并不比其放到其他区域分解快。

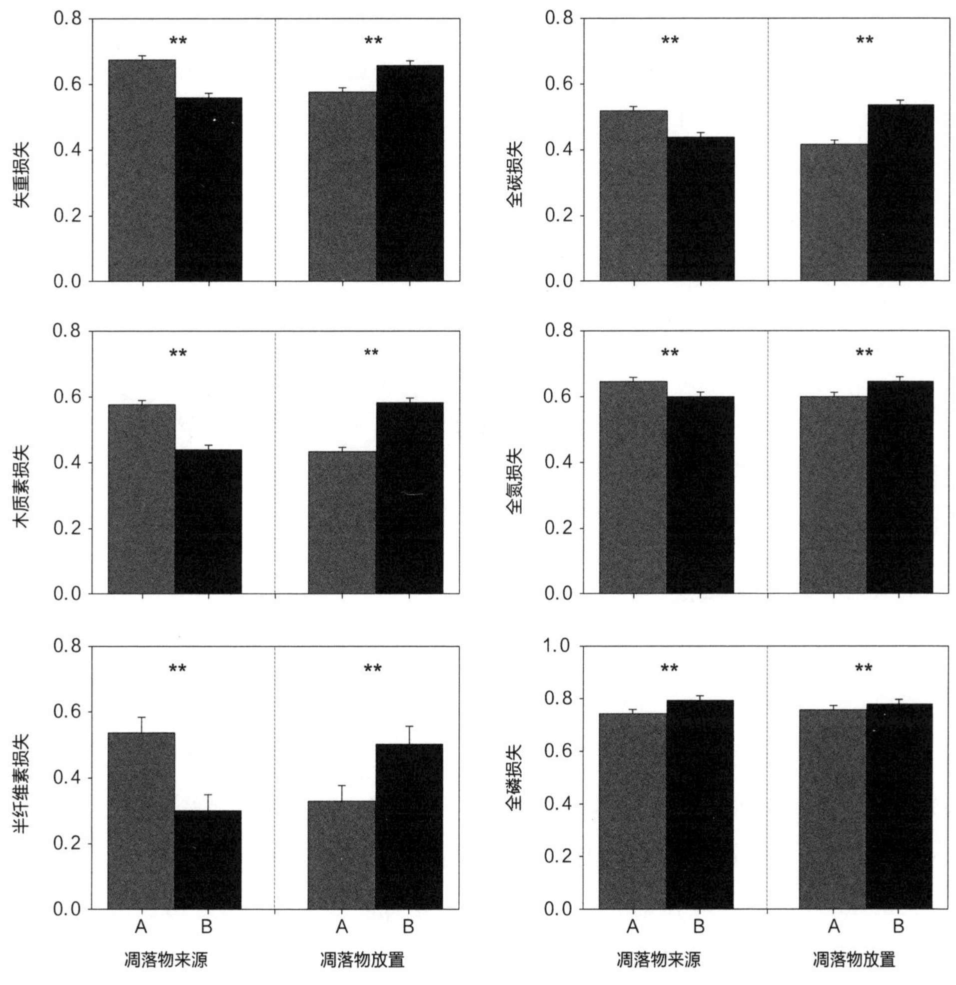

图 3-4 滨海湿地凋落物分解实验结果

** 差异显著 $P < 0.01$；* 差异显著 $P < 0.05$；ns 差异不显著

二、滨海湿地土壤碳、氮、磷含量及温室气体排放对水位的响应

以杭州湾围垦湿地为研究对象，于 2014 年 6 月 15 日采集土样，设置 4 种水位梯度 0、10、20 和 30cm（图 3-5），分析不同水位对土壤有机碳、全氮、全磷含量的影响。 于 2014 年 4 月将预培养的芦苇移植到 PVC 特制盆钵里，模拟围垦区芦苇分布的

不同水位梯度0、5、10和20cm对温室气体CO_2、CH_4和N_2O夏季昼夜通量变化的影响，采用静态箱-气相色谱法分析测定温室气体排放。日变化采样时间为2014年7月15～16日和8月16～17日。

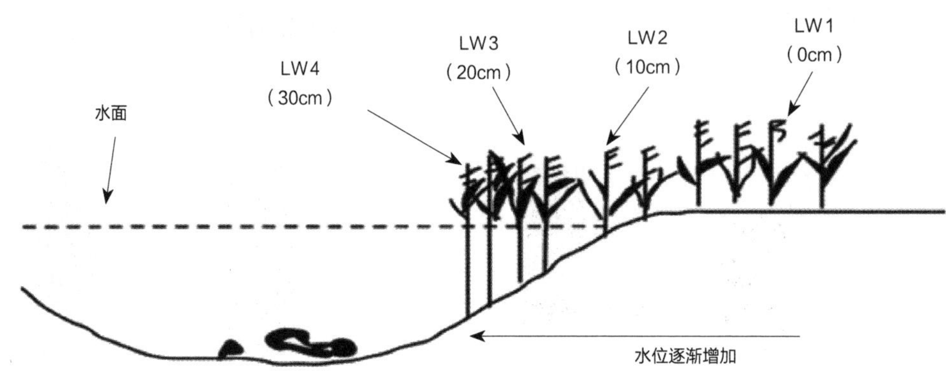

图 3-5　采样点不同水位示意

芦苇湿地不同水位梯度有机碳、氮、磷含量的垂直分布特征见图3-6。土壤中SOC、TN和TP含量在不同水位上整体差异不显著，但存在局部差异。土壤SOC、TN和TP含量在0 cm水位的变化范围分别是2.94～4.52 g/kg、0.29～0.38 g/kg和0.56～0.60 g/kg；在10 cm水位的变化范围分别是2.63～4.12 g/kg、0.22～0.28 g/kg和0.54～0.58 g/kg；在20 cm水位的变化范围分别是2.83～4.76 g/kg、0.21～0.34 g/kg和0.53～0.60 g/kg；在30 cm水位的变化范围分别是3.89～4.88 g/kg、0.33～0.40 g/kg和0.56～0.57 g/kg。土壤SOC和TN含量随着水位增加总体上呈现出先下降后升高的趋势，而TP含量沿水位梯度变化趋势不显著。

不同水位土壤C/N、C/P和N/P随土壤深度增加的变化规律差异较大（图3-7）。土壤未被水淹时（0 cm水位）土壤C/P、N/P和C/N均随土壤深度的增加而降低，水淹后（10、20、30 cm水位）土壤C/P和N/P则呈现先降低后增加趋势。不同水位土层0～5cm与20～30cm之间土壤C/N差异显著（$P<0.05$），而不同水位各土层之间土壤C/P和N/P差异不显著（$P>0.05$）。此外，就同一土层不同水位而言，0～5cm土层C/N表现为20 cm水位最高，C/P和N/P均表现为0 cm水位最高且差异达显著水平（$P<0.05$）；10～20cm 土层 C/N 表现为 10 cm 水位最高，C/P 表现为 30 cm 水位最高，N/P 表现为 0 cm 水位最高，但差异均不显著（$P>0.05$）；而 20～30cm 土层土壤 C/P 和 N/P 均以 30 cm 水位为最高，且显著高于其他水位（$P<0.05$），C/N 表现为 0 cm 水位显著低于其他水位（$P<0.05$）。

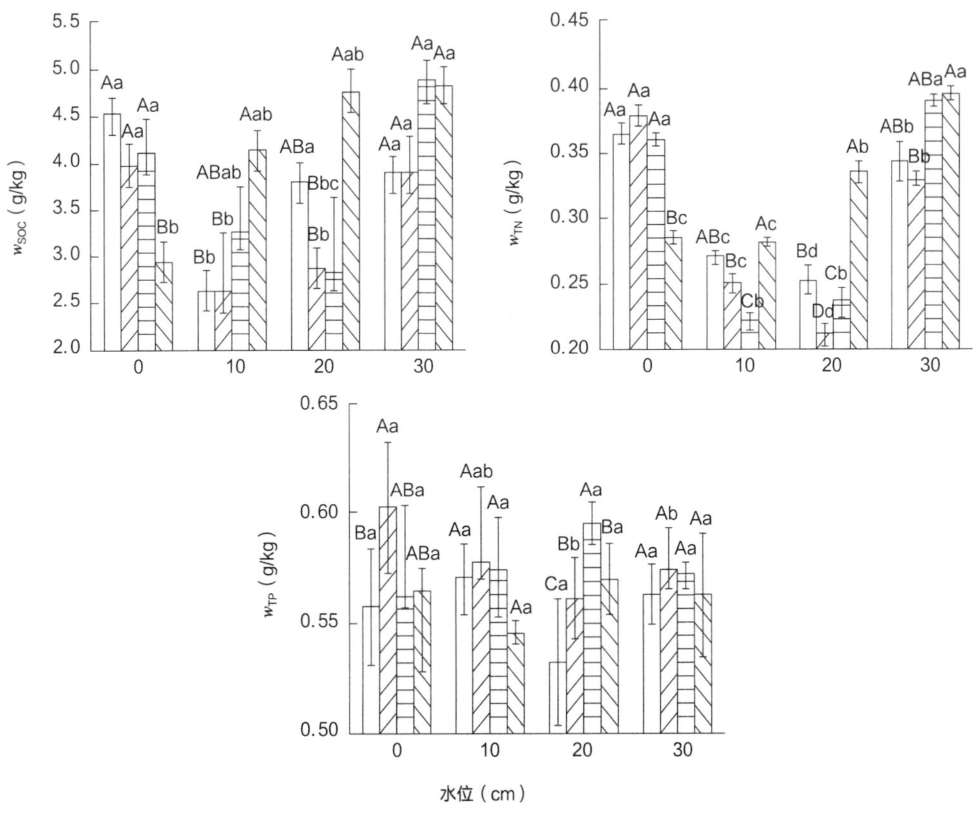

图 3-6　不同水位土壤有机碳、氮、磷含量分布

直方柱上方英文大写字母表示相同水位不同土层间某指标差异显著（$P<0.05$），英文小写字母表示相同土层不同水位间某指标差异显著（$P<0.05$）

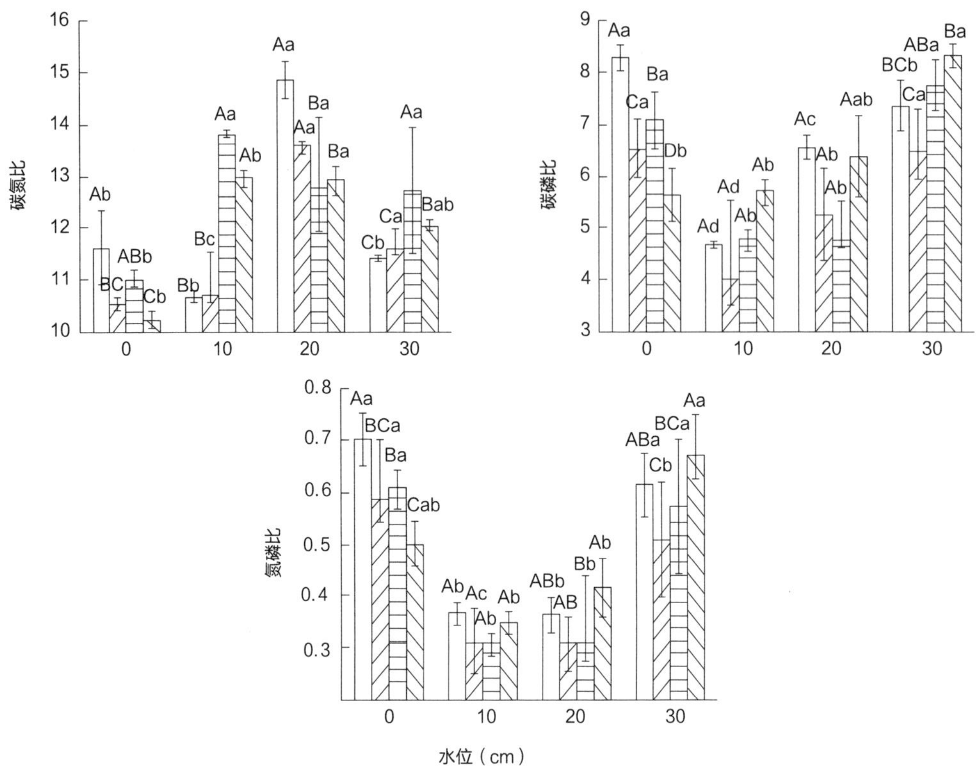

图 3-7 不同水位土壤有机碳、氮、磷化学计量特征

直方柱上方英文大写字母表示相同水位不同土层间某指标差异显著（$P<0.05$），英文小写字母表示相同土层不同水位间某指标差异显著（$P<0.05$）

不同水位梯度下温室气体 CH_4、CO_2 和 N_2O 表现出不一样的昼夜变化规律，且昼夜差异较大（图 3-8）。对 CH_4 而言，除 8 月 0 cm 水位表现为微弱的汇外，其他水位梯度都基本呈现 CH_4 的源，并且随着水位的加深，CH_4 排放先升高后降低。不同水位 CH_4 排放日动态基本呈单峰模式，14:00 为排放高峰，凌晨 2:00 为排放低峰。对于 CO_2 而言，7 月和 8 月不同水位梯度皆表现出昼低夜高的规律，并且白天 CO_2 呈现吸收状态，夜晚 CO_2 呈现排放状态，且均表现为 10:00 左右为 CO_2 吸收高峰，22:00 左右为 CO_2 排放高峰。对于 N_2O 而言，7 月和 8 月不同水位梯度处理均表现为微弱的排放或吸收状态，且在不同时段表现出不一样的变化，其中 0 cm 水位处理

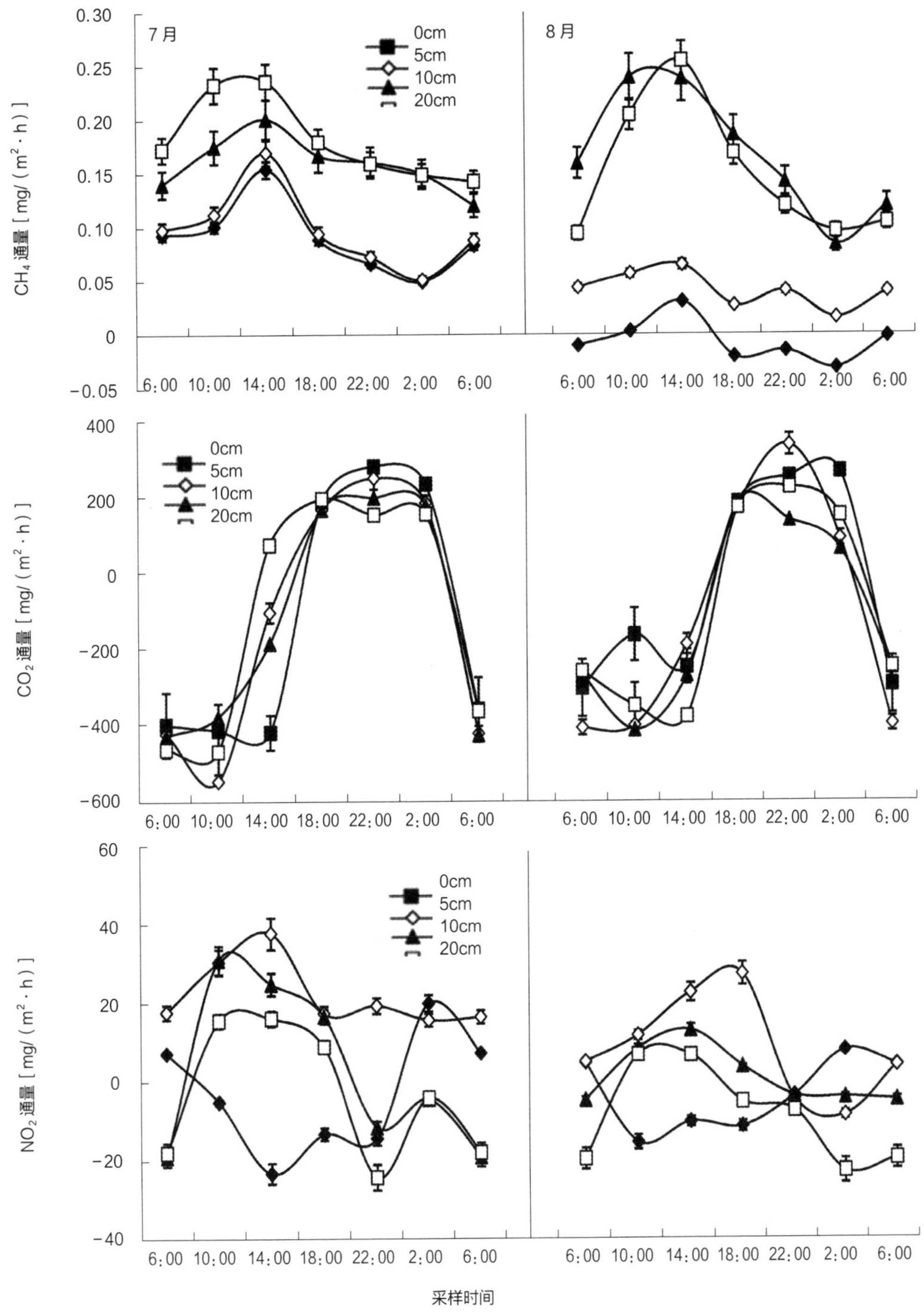

图3-8 不同水位 CH_4、CO_2 和 N_2O 排放通量日变化

N_2O 除了凌晨 02:00～06:00 之间有少量的排放外，其余时段均表现出吸收状态，而 5 cm 水位、10 cm 水位、20 cm 水位在白天皆呈现出排放状态，在夜间则呈现出吸收状态。

土壤 pH 值是影响杭州湾湿地 0 cm 水位梯度下 SOC、TN 和 TP 含量变化的重要因子，但随着水位的增加土壤 pH 值对 SOC、TN 和 TP 含量的影响逐渐减弱（表 3-1）。0 cm 水位 pH 值与 SOC、TN 含量及土壤 C/P 比和 N/P 比显著正相关（$P<0.05$），与土壤 TP 含量呈显著负相关（$P<0.05$）。10 cm 和 20 cm 水位土壤 pH 值与土壤 SOC 和 TN 含量均呈不显著负相关（$P>0.05$），而与 TP 含量呈显著正相关关系（$P<0.05$）。30 cm 水位土壤 pH 值与 SOC、TN 和 TP 含量以及土壤 C/P 比、N/P 比和 C/N 比均不相关（$P>0.05$）。由于 pH 值在昼夜尺度上波动不大，对不同水位温室气体排放通量的日变化的相关性相对较弱（图 3-9）。通过主成分分析对气温、水温、土温、土壤 pH 和 Eh、水体 pH 和 Eh 以及风速等 8 个环境因子与温室气体排放通量日变化的影响进行进一步的筛选，分析得出气温和水温是影响湿地土壤 CH_4 和 N_2O 排放通量日变化的主导因子，土壤温度是影响湿地土壤 CO_2 通量日变化的主导因子。同时通过相关性分析也得出气温与 CH_4 通量呈显著正相关，说明气温是影响 CH_4 通量的重要因子；气温对 N_2O 通量的影响有所不同，气温与 N_2O 通量在 0 cm 水位处理中呈显著负相关，而在其他水位条件下呈显著正相关，这可能是由于在 0 cm 水位处理中土壤 N_2O 主要由土壤硝化作用主导，而当淹水后由反硝化作用主导，随着温度升高硝化作用会减弱，反硝化作用则会增强（徐慧等，1995）。气温与 CO_2 通量的相关性不显著，这可能与采样时研究区风速较高有关（平均风速高达 3.5m/s）。黄文敏（2013）等研究也指出风速较高时，CO_2 通量与气温的相关性降低。土壤温度与 0、5 cm 水位下 CH_4 通量呈显著正相关，而与 10 cm 和 20 cm 水位下 CH_4 通量不相关，表明土壤温度对未淹水或低水位的 CH_4 通量影响要明显大于对较深水位 CH_4 通量影响。这是由于随着水位加深土壤温度日变化波动减小，因而对土壤微生物的活性影响减弱，故相关性分析中得出了较深水位与 CH_4 通量相关性不明显的结果。

表 3-1　不同水位土壤有机碳、全氮、全磷含量及 pH 值之间的关系

水位（cm）	指标	SOC	TN	TP	pH 值
0	C/N 比	—	—	-0.512	0.461
	C/P 比	—	0.795*	—	0.848*
	N/P 比	0.910**	—	—	0.865*
	pH 值	0.906**	0.815*	-0.709*	—
10	C/N 比	—	—	-0.365	-0.169
	C/P 比	—	0.784*	—	-0.559
	N/P 比	0.726*	—	—	-0.681
	pH 值	-0.719	-0.630	0.748*	—
20	C/N 比	—	—	-0.657	-0.436
	C/P 比	—	0.878**	—	-0.705
	N/P 比	0.955**	—	—	-0.693
	pH 值	-0.635	-0.573		—
30	C/N 比	—	—	-0.408	0.645
	C/P 比	—	0.883*	—	0.585
	N/P 比	0.955**	—	—	0.359
	pH 值	0.462	0.245	0.330	—

注：* $P<0.05$；** $P<0.01$；—表示存在自相关关系，不宜进行相关性分析。

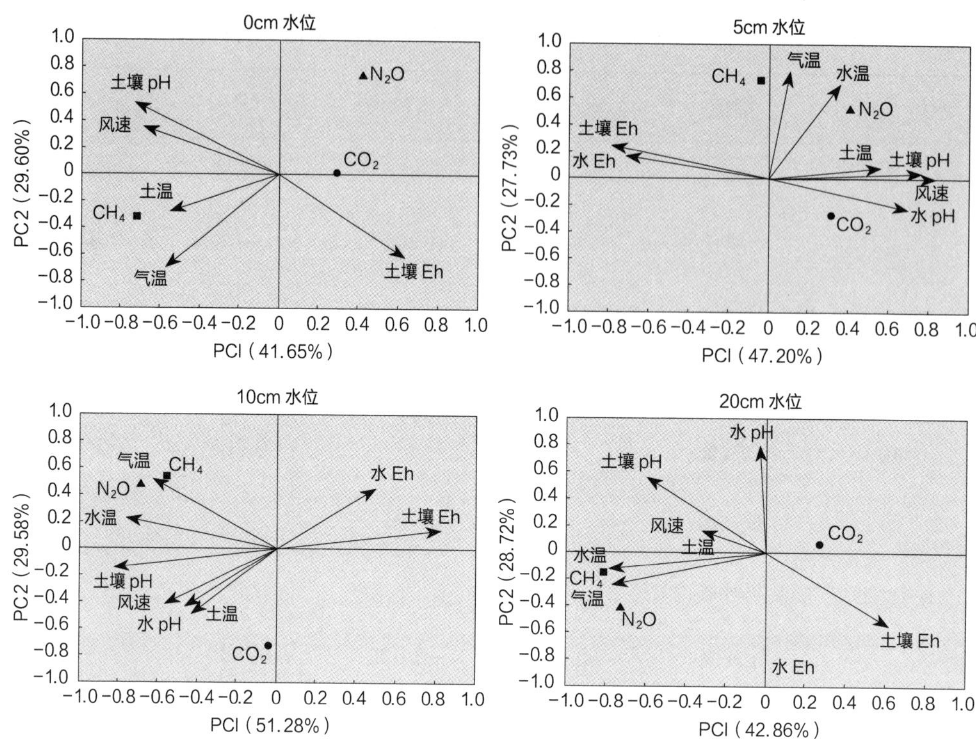

图 3-9　不同水位环境因子的主成分分析

第二节　滨海湿地生物多样性维持功能及其驱动机制

滨海湿地是我国主要的湿地类型之一，具有调节气候、净化水体、保护海岸线与维持生物多样性等多种生态服务功能。据第二次全国湿地普查，我国滨海湿地面积为579.59万hm^2，占全国湿地总面积的10.81%。植物多样性是生态系统最为关键与基础性的生态功能，对其他功能具有重要的支持作用（谢永宏和陈心胜，2008）。与物种多样性不同，植物功能型指享有关键功能性状而对特定环境因子（如盐度、水分等）具有相似反应的不同种类植物组合（Li et al.，2014）。滨海湿地由于生态环境特殊（如高盐度），分布着特定的植物种类，如盐地碱蓬（*Suaeda salsa*），形成以盐生植物为功能型的植物多样性格局（毛培利等，2011；Meng et al.，2013）。然而，近40多年来，受油田开发、围海造田与养殖、港口码头与公路建设等人为干扰与气候变化的双重影响，我国滨海湿地生境破碎化严重，植物多样性变化明显，尤其是潮间带范围的缩小，致使盐生植物（如盐地碱蓬）大范围消失，取而代之的是大面积的水稻（*Oryza sativa*）田与芦苇（*Phragmites australis*）地（陈爽等，2011；荣子容等，2012）。植物多样性的变化，尤其是物种功能型的改变，必将对生态系统功能产生重要的影响（侯志勇等，2012）。

生态系统的生境因子，尤其是关键因子，是植物多样性及物种功能型格局形成的内在机制（李旭等，2009；Song et al.，2009；仲崇庆等，2011）。与淡水湿地不同，滨海湿地生态环境因子受潮汐活动的影响，空间异质性明显，具有潮上带、潮间带、潮下带之分（雷坤等，2007）。在辽河口湿地，随着与距海岸线距离的减小，水体盐度逐渐增大（蒋岳文等，1996；雷坤等，2007），物种功能型将随之改变，如盐生植物增加，甜土植物减少（Song et al.，2009；仲崇庆等，2011；Meng et al.，2013）。然而，有关滨海湿地植物多样性的研究主要集中在物种多样性上，而对群落中功能型的组成研究相对较少（苏蔚潇等，2012）。与物种多样性相比，植物功能型具有环境指示作用，即便物种多样性指数并未发生变化，其功能型也可能发生改变（Kern et al.，2006；Makkay et al.，2008）。因此，开展滨海湿地物种功能型格局研究，有利于揭示植物多样性的内在变化。辽河口湿地为我国典型的滨海湿地，近几十年来植被多样性格局变化明显，其中最为显著的变化是红海滩植物盐地碱蓬的大面积消失。以辽河口湿地为研究对象，通过对植物群落的野外实地调查与物种分析，揭示物种多样性与功能型的空间分布格局；通过对滨海湿地两种优势植物芦苇与盐地碱蓬生态交错带的定位监测，阐明特色植物盐地碱蓬退化趋势、退化成因及保护对策；通过对野外水位与盐分梯度下盐地碱蓬生理生态特征分析，探明维持盐地碱蓬特殊群落的关键机制。

一、滨海湿地生物多样性与物种功能型分布格局

2014 年 8 月沿辽河西岸依次选取 22 个调查点，根据是否被潮汐淹没，分为潮上带与潮间带两大类。在每一调查点沿潮汐的方向设一条样带调查植物群落和环境因子。依据植物的耐盐性，将其分为盐生、中性与甜土植物 3 种功能型（林倩，2009）；依据植物对水分的适应性，分为湿生（含水生）、中生与旱生植物 3 种功能型。植物功能型划分主要参考《中国植物志》（中国科学院植物研究所，2004）、《中国水生维管束植物图谱》（中国科学院武汉植物研究所，1983）、《中国常见湿地植物》（张树仁，2009）等。

采用丰富度与 Shannon-Wiener 指数（H）来测度物种多样性，其中丰富度以小样方内物种数来表示（Weih et al.，2003），Shannon-Wiener 指数采用以下公式计算（Magurran，1998）：

$$H = -\sum_{i=1}^{N} P_i \ln P_i \tag{3-1}$$

$$P_i = N_i / N \tag{3-2}$$

式中，N_i——样方中第 i 种物种的个体数；

N——样方中所有物种的个体数之和。

重要值（IV）采用以下公式计算：

$$IV = (R_D + R_F + R_E) / 3 \tag{3-3}$$

式中，R_D——相对密度；

R_F——相对频度；

R_E——相对盖度。

植物物种功能型比例采用样方内各功能型物种数占总物种数目的百分比表示。

对潮上带和潮间带的物种数目、Shannon-Wiener 指数及不同功能型植物的比例进行方差分析。为揭示物种多样性分布格局的变化特点，对多样性指数（包括物种功能型比例）与距海岸线（指海潮在低潮时所处的界线）的距离进行回归分析，选取最优模型。对 63 个小样方与物种重要值进行主成分分析（PCA），以探讨滨海湿地调查样点与植物物种分布特征的关系。

1. **优势植物种群**

潮上带、潮间带之间优势物种差异明显（表 3-2）。在潮上带，优势物种主要为芦苇；而在潮间带，优势物种为盐地碱蓬。潮上带与潮间带之间植物群落的伴生种也存在明显差别。在潮上带，伴生植物主要为刺儿菜（*Cirsium setosum*）、山莴苣（*Lagedium sibiricum*）、碱蓬（*Suaeda glauca*）、野大豆（*Glycine soja*）、地肤（*Kochia scoparia*）、尖头叶藜（*Chenopodium acuminatum*）、鹅绒藤（*Cynanchum chinense*）、白茅（*Imperata cylindrica*）、木贼（*Equisetum hyemale*）、西伯利亚蓼（*Polygonum sibiricum*）、黄花蒿（*Artemisia annua*）、拂子茅（*Calamagrostis epigeios*）等；在潮间带，伴生种主要为扁秆藨草（*Scirpus planiculmis*）、水烛（*Typha angustifolia*）。潮上带物种数目与 Shannon-Wiener 指数均显著高于潮间带（$P < 0.001$，表 3-2），特别是 Shannon-Wiener 指数潮上带（0.58）为潮间带（0.04）的 14.5 倍。

2. 植物多样性

从植物对盐分的需求来看，潮上带物种功能型以中性植物为主，占总物种数的59.25%，潮间带以盐生植物为主，占总物种数的84.10%，潮上带盐生植物比例显著低于潮间带（$P<0.001$，表3-2），而中性植物与甜土植物比例均显著高于潮间带（$P<0.001$）。从植物对水分的需求来看，潮上带与潮间带物种功能型均以湿生植物为主，分别占总物种数的64.29%与99.23%。且二者之间湿生植物比例差异显著（$P<0.001$），中生植物与旱生植物比例也存在显著差异（$P<0.001$）。由此可见，与潮上带相比，潮间带盐生植物与湿生植物增加，而中性植物、甜土植物、中生植物与旱生植物减少。

表3-2 滨海湿地植物多样性及物种功能型方差分析（平均值 ± 标准误）

类型	植物多样性	潮上带	潮间带	自由度	F
多样性指数	物种数目	2.73 ± 0.17	1.25 ± 0.10	21	61.11***
	Shannon-Wiener指数	0.58 ± 0.04	0.04 ± 0.02	21	165.59***
盐分功能型比例	盐生植物	32.00 ± 2.23	84.10 ± 8.30	21	23.14***
	中性植物	59.25 ± 3.50	15.13 ± 8.38	21	15.12***
	甜土植物	8.75 ± 2.51	0.77 ± 0.76	21	13.42***
水分功能型比例	湿生植物	64.29 ± 4.70	99.23 ± 1.04	21	81.89***
	中生植物	22.50 ± 5.21	0.77 ± 0.77	21	27.52***
	旱生植物	13.21 ± 3.49	0.00 ± 0.00	21	24.04***

注：**，$P<0.01$；***，$P<0.001$。

对植物多样性与距海岸线距离的回归分析表明（图3-10），物种数目与Shannon-Wiener指数均随着距离的增大而增加（$P<0.001$）。其中物种数目与距海岸线距离回归方程为$y=0.002x^2-0.024x+1.003$（$R^2=0.759$），而Shannon-Wiener指数与距海岸线距离回归方程为$y=0.001x^2-0.028x+0.137$（$R^2=0.8773$）。

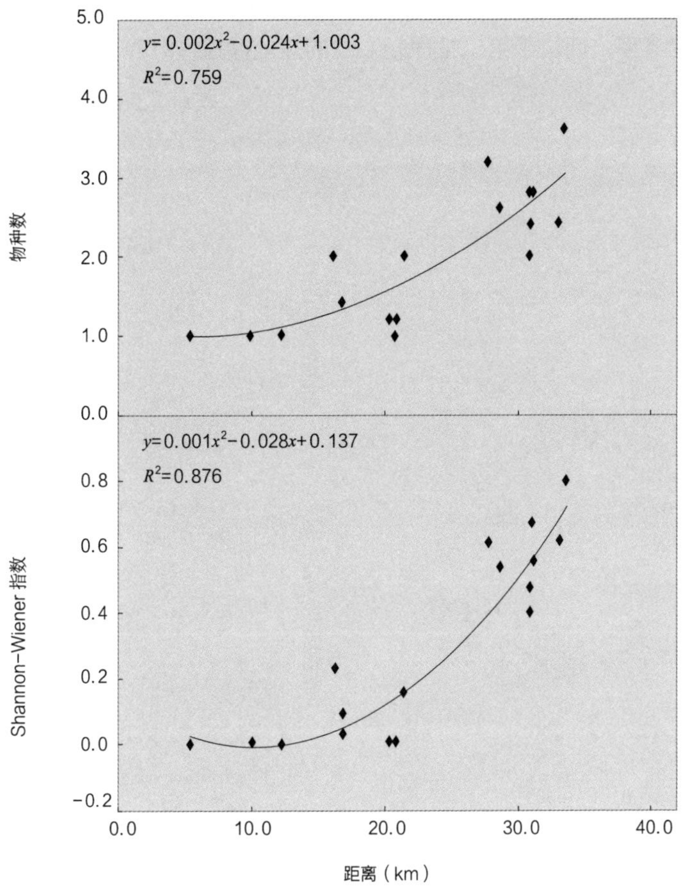

图 3-10　植物多样性与距海岸线距离的关系

从物种不同功能型来看（图 3-11），盐生植物、湿生植物比例随着距海岸线距离的增大而降低（$P<0.001$），而中性植物、甜土植物、中生植物与旱生植物比例随着距离的增大而增加（$P<0.05$）。

调查样方与植物物种主成分分析（PCA）结果表明（图 3-12），第一排序轴能解释的物种变异百分数为 47.8%，第二排序轴为 26.2%，第一与第二排序轴累计百分数为 74.0%。对样方而言，在排序轴上的分布可分为两大类，第一类是潮上带类型（图 3-12A），第二类是潮间带类型（图 3-12B）。对植物而言，物种分布格局呈现出显著的差异，位于第二排序轴左边的芦苇（s1）、刺儿菜（s2）、拂子茅（s13），属中性—甜土植物类型；而位于第二排序轴右边的盐地碱蓬（s17），属于典型的盐生植物类型。

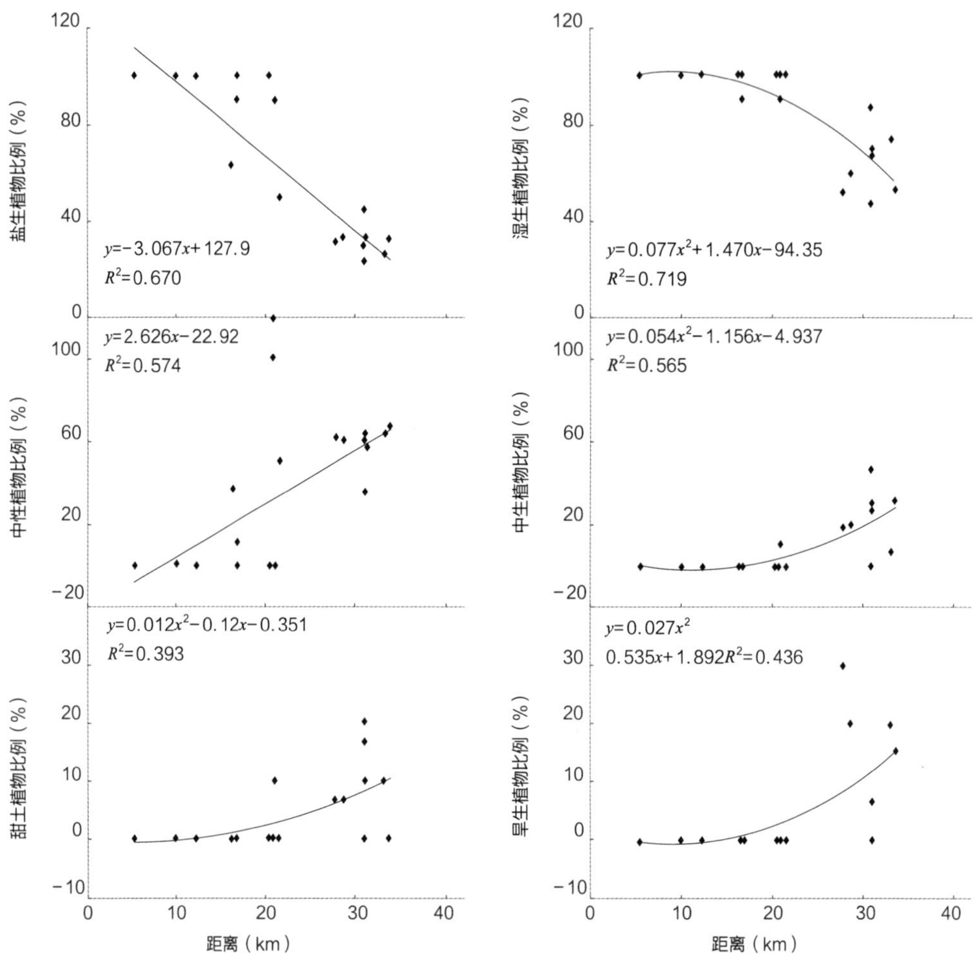

图 3-11　植物功能型比例与距海岸线距离的回归分析

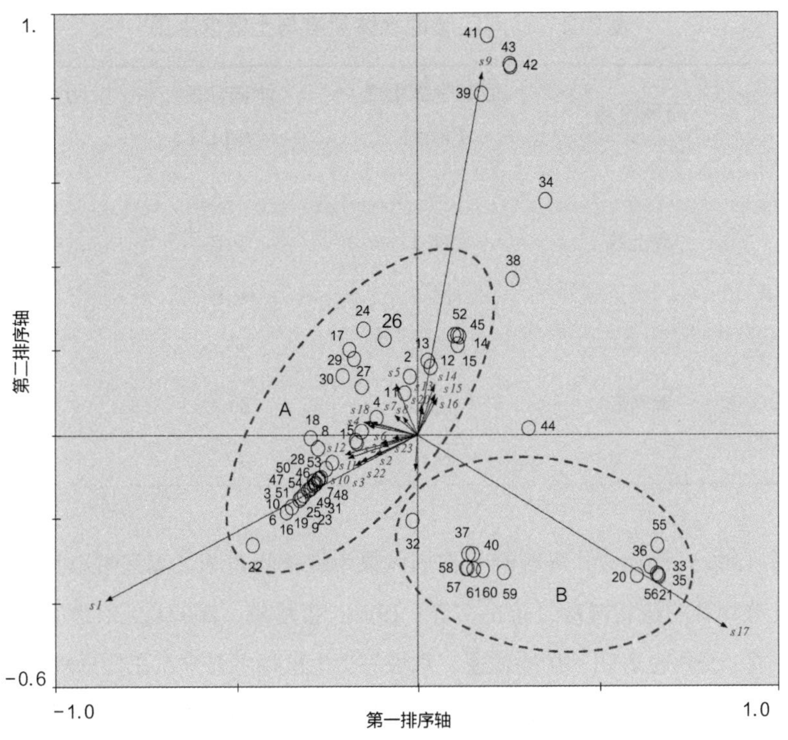

图 3-12　样方与植物物种 PCA 分析

图中数字 1–61 表示野外调查样方。s1. 芦苇；s2. 刺儿菜；s3. 山莴苣；s4. 野大豆；s5. 碱蓬；s6. 地肤；s7. 尖头叶藜；s8. 鹅绒藤；s9. 扁秆藨草；s10. 白茅；s11. 罗布麻；s12. 木贼；s13. 拂子茅；s14. 黄花蒿；s15. 西伯利亚蓼；s16. 藜；s17. 盐地碱蓬；s18. 歧茎蒿；s19. 小果酸模；s20. 水烛；s21. 稗；s22. 野青茅；s23. 糙叶薹草

3. 水体盐度与土壤含水量对植物分布的影响

辽河口湿地水体盐度为 1.2～39.2 ng/L，潮上带（3.33 ng/L）低于潮间带（30.5 ng/L）。土壤含水量为 20.3%～32.6%，潮间带（29.3 %）高于潮上带（22.8 %），见表 3-3。

在辽河口湿地，物种数目平均值为 1.99/m^2，Shannon−Wiener 指数为 0.32/m^2，多样性指数显著低于淡水湿地，如洞庭湖湿地芦苇地物种数目为 5.17 个 /m^2，湿地杨树物种数高达 9.17/m^2（Li et al., 2014）。与淡水湿地不同，盐分对滨海湿地植物具有重要的筛选作用，是决定植物，尤其是优势植物分布最为关键的生态因子（李旭等，2009；Chen et al., 2013）。由于辽河口湿地潮上带盐分含量（3.33 ng/L）低

表 3-3　辽河口湿地水体盐度与土壤含水量

序号	所属区域	距海岸线距离（km）	水体盐度（ng/L）	土壤含水量（%）
1	潮上带	33.1	1.2	20.3
2		31.1	2.2	22.0
3		16.2	6.6	24.1
4	潮间带	12.3	20.8	25.7
5		10.0	31.5	29.6
6		5.5	39.2	32.6

于潮间带（30.5 ng/L），导致潮上带形成以中性植物芦苇，潮间带以盐生植物盐地碱蓬为优势物种的植物群落（蒋岳文等，1996；雷坤等，2007）。对调查样方与植物物种的主成分分析也表明，盐地碱蓬、水烛等盐生植物主要分布在盐分较高的潮间带，而芦苇、野大豆、尖头叶藜、糙叶薹草等中性—甜土植物主要分布在盐分相对较低的潮上带。

对植物多样性与物种组成而言，潮上带物种数目与 Shannon-Wiener 指数均高于潮间带，而盐生植物与湿生植物均低于潮间带，产生这一结果的主要原因为潮上带与潮间带生境差异明显：①潮间带盐分与水分含量较高，导致盐生植物与湿生植物比例较高（李旭等，2009；Li et al.，2014）；②潮间带环境异质性程度低，使植物多样性较低（Díaz et al.，1998；Taki et al.，2011）。可见，盐分与水位是决定滨海湿地植物多样性及物种功能型的关键因子。对盐度而言，在人为干扰较小的区域，随着距海岸线距离的增大而减小（王红等，2005；Wang et al.，2010）。如在黄河口湿地，距海岸线 10 km 的区域，沉积物电导率为 3.1 ms/cm，而在距海岸线 20 km 的区域，电导率减小至 0.9 ms/cm（李峰，2010）；在辽河口湿地，距海岸线 5.5 km 区域的水体盐度（39.2 ng/L）为 31.1km 区域（2.2 ng/L）的 13 倍。可见，水体盐度随海岸线的变化趋势导致了辽河口湿地植物多样性指数、中性植物与甜土植物比例随着距海岸线距离的增大而增多，盐生植物比例随距离的增大而减小（Wang et al.，2010）。与盐度类似，水位随着距海岸线距离增大而降低的变化趋势（表 3-3），导致辽河口湿地湿生植物比例随距离的增大而减小，中生与旱生植物随距离的增大而增多（孙荣等，2011；Li et al.，2014）。

在辽河口湿地，植物多样性及物种功能型变化明显，潮上带优势群落为芦苇，植物多样性指数较高，以中性植物为主，而潮间带优势植物为盐地碱蓬，植物多样性指数较低，以盐生植物为主。与多样性指数较高的芦苇群落相比，盐地碱蓬群落具有特殊的生态功能，如为濒危物种黑嘴鸥（*Larus saundersi*）提供栖息地。因此，简单以多样性指数的高低来评价植物多样性不足以体现物种功能的变化，尤其在生态环境多变的湿地生态系统中，结合物种功能型对于深入认识植物多样性具有重要意义（Li et al.，2014）。在辽河口湿地，盐分与水位是决定植物多样性与物种功能型空间格局的关键生态因子，均受到潮汐活动的影响（雷坤等，2007）。然而，在湿地生态系统中，潮汐的范围又与高程密切相关，通常随着高程的增加，潮汐强度减弱（Urban，2005）。因此，湿地高程在一定程度上决定着水体盐度与水位。在过去几十年，受油田开发、围海造田等人为活动影响，辽河口湿地微地貌在逐步改变，导致潮汐范围急剧缩小，大范围的潮间带转变为潮上带，致使盐地碱蓬逐渐演替成芦苇（Wang et al.，2010）。

二、滨海湿地植物种间关系对环境变化的响应

湿地植物群落的本质特征之一就是组成群落的植物之间存在着一定的相互关系（宋永昌等，2001）。各个物种间的相互关系，尤其是主要优势种之间的关系，决定着群落的组成结构和动态发展（王伯荪等，1989）。植物种间关系是群落生态学的核心内容之一，主要包括竞争（负效应）和促进（正效应）两个方面。植物种间关系非常复杂，正在发生互作的植物除了互相竞争光、营养、水分和空间外，又互相保护以免受潜在的生物因素（食草者）和非生物因素（环境变化）的影响。

植物间的相互作用在群落结构和动态变化上起决定性作用。近几年大量研究了养分和环境胁迫梯度变化对植物种间关系的影响。学者们提出了胁迫梯度假说（stress-gradient hypothesis），认为在低环境胁迫下植物种间的关系基本表现为竞争，而在高胁迫下则表现为互惠互利。Maestre（2009）细分并改进了胁迫梯度假说，他认为植物种间在竞争和互利之间变化不仅仅取决于胁迫梯度，还取决于植物种的组合类型，

并将植物分为胁迫耐受型和竞争型两种。

湿地植被随环境梯度变化呈现出带状分布，这种带状分布现象是自然环境和生物过程共同作用的产物。植物种间竞争能力的差异可能是导致这一带状分布的最主要原因之一，取决于植物的形态、生理、生活史等生物学特性以及环境条件和资源水平。通过温室移栽实验模拟滨海湿地环境条件变化（主要包括滨海湿地盐分和水位），探讨了环境变化对湿地植物种间关系的影响机制，为滨海湿地植物保护、植被恢复和合理利用，以及滨海湿地服务功能提升提供理论支持。

1. 滨海湿地盐分胁迫梯度改变植物分布格局

盐分胁迫是滨海湿地植物面临的主要环境胁迫（Crain et al.，2004）。在盐分胁迫下植物的生长会受到很大的威胁，目前关于盐分胁迫对植物影响的研究主要集中在植物单体生理、植物种子萌发等方面（丁海荣等，2008；闫留华等，2008），盐分对植物种间关系影响的研究还很少（Pennings et al.，2005）。而不同类型的植物在面对环境胁迫时具有不同的适应对策，因此当环境条件改变时植物的种间关系将发生变化（周建等，2015），从而影响滨海湿地植物的分布格局。以辽宁双台子河口湿地为例，扁秆藨草和盐地碱蓬均为中国北方滨海湿地优势物种，其中盐地碱蓬为盐分耐受型植物，而扁秆藨草属于克隆植物范畴，可以在自然条件下无性繁殖，相比于盐地碱蓬具有较强的竞争能力。盐分胁迫梯度变化下两物种间关系变化的研究，对中国滨海湿地植被保护和恢复具有重要意义。

采用温室实验的方法模拟滨海湿地盐分梯度变化对植物的影响，实验所选植物为辽宁双台子河口滨海湿地常见植物扁秆藨草和盐地碱篷。实验设置了不同盐分浓度和植物栽种比例：①盐分：对照、低浓度盐分、高浓度盐分；②栽种比例：扁秆藨草和盐地碱蓬比例为0∶4、1∶3、2∶2、3∶1、4∶0。因此，实验共设置了15个处理，每个处理设置了6个重复。本研究自2015年8月13日开始，至2015年10月22日收获，共持续约10周，实验收获时分别测量了盐地碱蓬和扁秆藨草的株高，并将植株分为地上和地下两部分，在70℃的烘箱内烘干72 h以上至恒重，后分别测量生物量。

实验结束后将扁秆藨草和盐地碱蓬的生长数据分开处理。①运用双因素方差分析，评估盐分和种植比例对植物生长和形态指标的影响；②计算扁秆藨草和盐地碱蓬的相对作用指数（relative interaction index，RII），RII可以有效地衡量物种间的竞争强度（Weigelt and Jolliffe，2003；Armas and Pugnaire，2004），计算公式如下：

$$RII_a = (Y_{ab} - Y_a) / (Y_{ab} + Y_a) \quad (3\text{-}4)$$

$$RII_b = (Y_{ba} - Y_b) / (Y_{ba} + Y_b) \quad (3\text{-}5)$$

式中，a，b——两种植物；

Y_{ab} 和 Y_{ba}——a，b 两种植物混种时的生物量；

Y_a 和 Y_b——a，b 两种植物单种时的生物量。

当 $RII = 0$ 时，表示种间关系为中立，正值表示植物在种间关系中受益，负值表示植物在竞争中处于劣势。基于 2 种植物的生物量计算 *RII* 值，并将 *RII* 值做 *T* 检验。

结果发现，低盐分胁迫降低了扁秆藨草（60%）的生长，增加盐地碱蓬（20%）的生长；而没有改变植物的种间关系（*RII* 值与 0 值没有显著差异），结果与胁迫梯度假说不符，但是符合 Maestre 等（2009）的假设，当胁迫耐受型和竞争型植物处于低胁迫环境下，竞争关系为中立。栽种比例处理对实验结果没有影响（图 3-13 至图 3-15）。

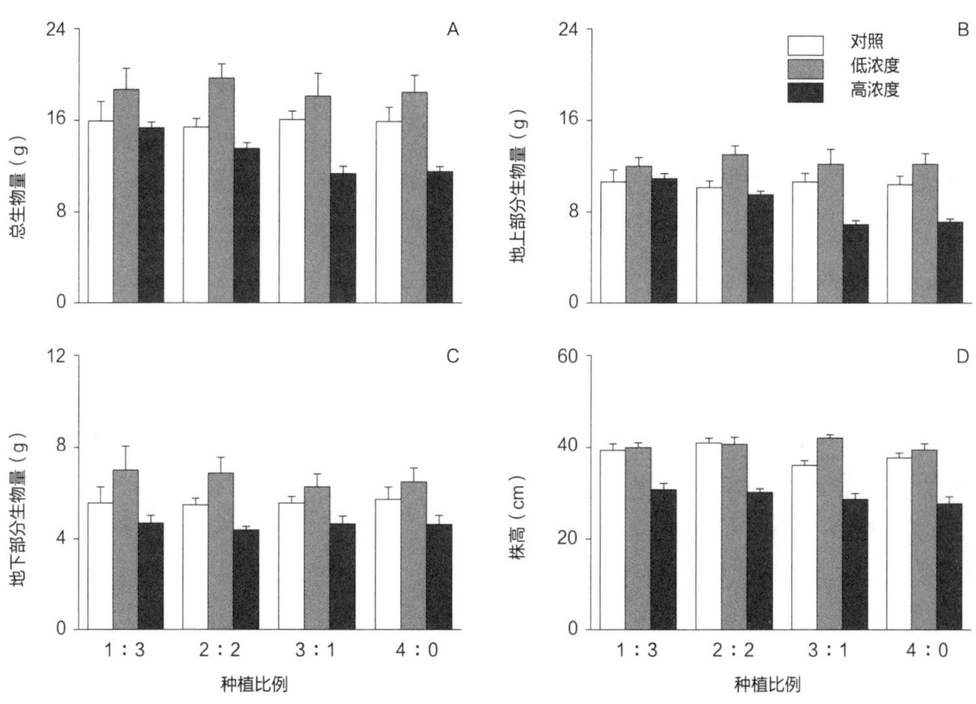

图 3-13　盐分和栽种比例对扁秆藨草生长影响

A. 总生物量；B. 地上生物量；C. 地下生物量；D. 株高

高浓度盐分胁迫显著降低两种植物的生长，并改变植物的种间关系。在数量上处于劣势时，胁迫耐受型盐地碱蓬在种间关系中受益（图 3-14），这个结果与胁迫梯度假

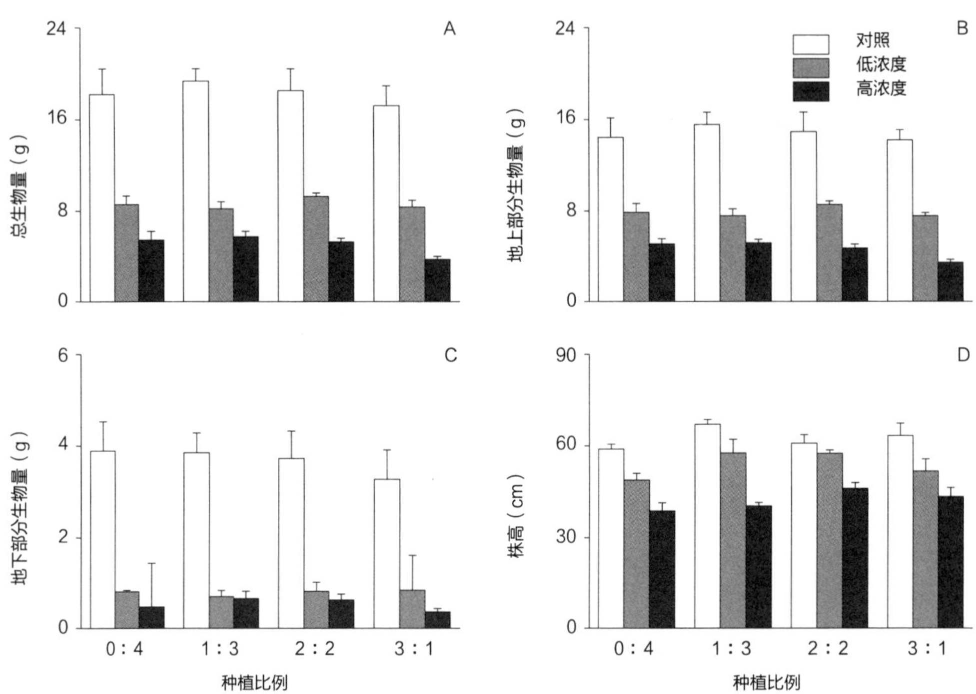

图 3-14　盐分和栽种比例对盐地碱蓬生长影响
A. 总生物量；B. 地上生物量；C. 地下生物量；D. 株高

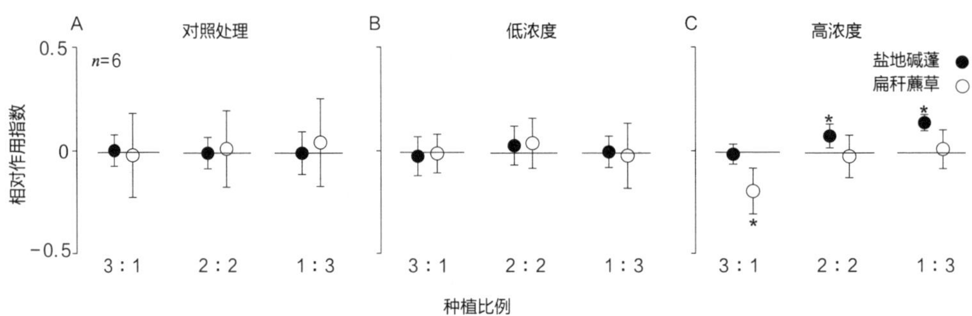

图 3-15　基于生物量计算的 2 种植物 *RII* 值的 *T* 检验结果
* 表示 *RII* 值与 0 差异显著，置信区间为 95%

说相符合，这可能是由于在高浓度盐分中盐地碱蓬生长速率更快。高芳磊等（2015）研究结果显示，当迁入一个新土壤中无芦苇根系和化感物质的栖息地中时，盐地碱蓬的生长速率是克隆植物的 7.1 倍，说明在盐分环境中盐地碱蓬对资源的捕获能力远大于与其伴生的克隆植物，这与我们的研究结果相符合。该结果说明植物种间关系受环境胁迫的影响这个过程，不仅与不同植物种组合有关，还取决于植物的栽培比例。

2. 滨海湿地水位波动驱动植物群落演变

湿地的重要特征之一就是季节性或常年处于潜水状态，这使得水位成为影响滨海湿地生态系统中植物竞争能力最基本最重要的环境因子。水位变化过程是湿地生态系统最为重要的生态过程，它制约着湿地的动植物和物理化学过程，控制着湿地的形成、发育和演化，是湿地植物群落形成和演变最为重要的驱动因素。水位变化是湿地水文的重要组成部分，是影响湿地植被分布以及植被演替的重要因素之一。由于潮汐、洪水和降雨等不规律变化，湿地水位常呈现出周期性波动变化。目前关于周期性水位波动的研究主要集中在对植物单体的影响，而对植物种间关系以及群落动态的相关性研究很少（Luo et al., 2015；Wang et al., 2016）。不同植物对这种波动性水位变化的耐受能力、受益程度都不相同，那么这种波动性将改变植物的种间关系，从而改变植被群落格局。

以辽宁双台子河口滨海湿地为例，其年平均降水量为 623.2 mm，降水主要集中在夏季，夏季平均降水量为 392.1 mm，占全年 62.9%，冬季降水最小，仅为全年的 2.2%。潮汐和非季节性降水，使得湿地水位波动明显。本研究以滨海湿地主要优势植物扁秆藨草和芦苇为研究对象，设置控制实验，探讨湿地水位变化对植物种间关系和群落演替的驱动机制。设置不同水位梯度、波动水位和种植方式，其中，①水位深度设置了 10 cm 和 30 cm 两种处理；②水位周期性波动设置 14 天为一个周期和不波动对照两种处理；③种植方式为植物 2 ∶ 2 混种，或者每容器单独种植 4 株植物，实验设计见图 3−16。自 2016 年 4 月 14 日开始，至 2016 年 6 月 23 日收获，共持续约 10 周，实验收获时分别测量了扁秆藨草和芦苇的株高，并将植株分为地上、地下生物量。分析了不同种植方式和水文处理对 2 种植物生长及种间关系（*RII* 指数）的影响。

图 3-16 为 4 种水位处理的示意，10S 表示 10 cm 深固定水位；10F 表示 10 cm 深波动水位，波动幅度为上下 10 cm；30S 表示 30 cm 深固定水位；30F 表示 30 cm

深波动水位，波动幅度为上下 10 cm。 图中阴影部分表示水位，X 轴表示实验处理时间。4 月 14～28 日为实验准备阶段，之后到 6 月 23 日为实验阶段。 根据数据处理的结果，发现水位的增加明显降低了两种植物的生长（图 3-17、图 3-18 和表 3-4）。

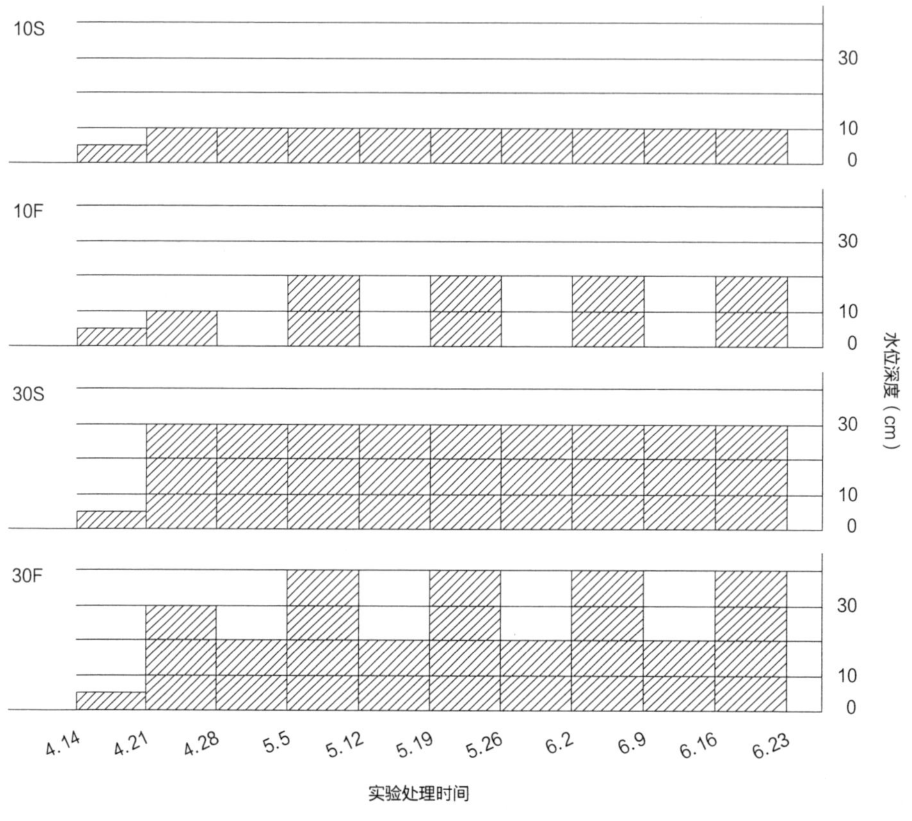

图 3-16 实验设计

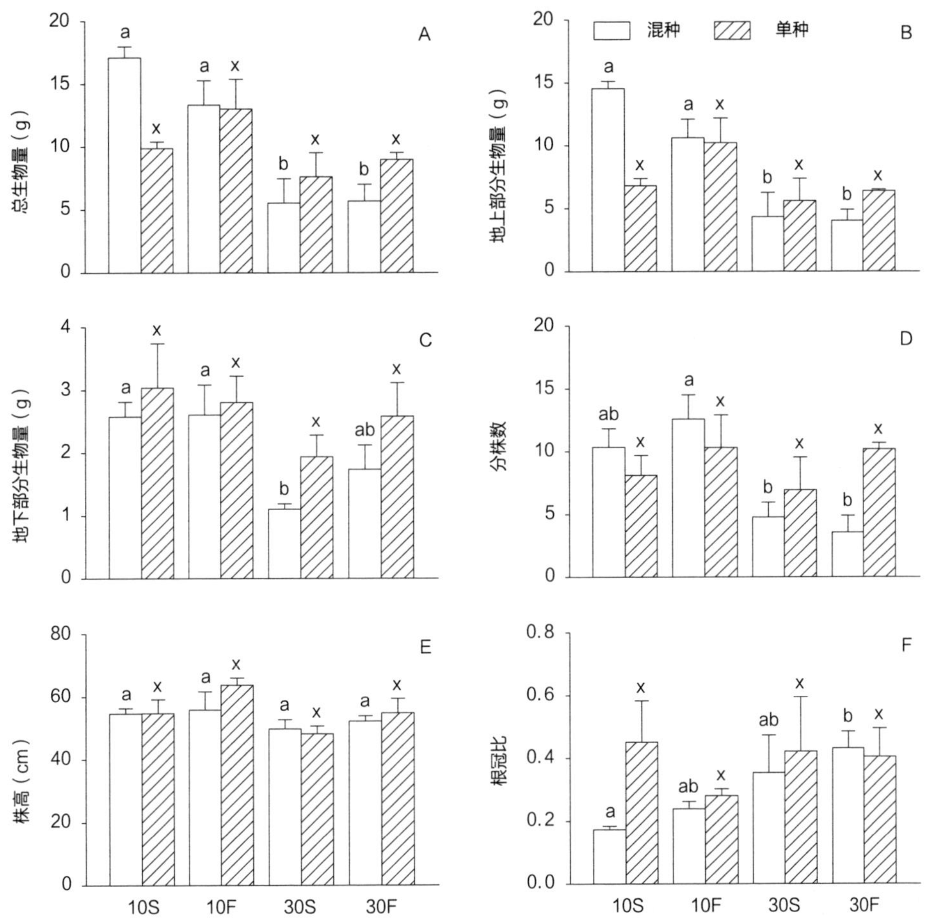

图 3-17　水文深度、水位波动和种间竞争对扁秆藨草生长影响

A. 总生物量；B. 地上生物量；C. 地下生物量；D. 分株数；E. 平均株高；F. 根冠比

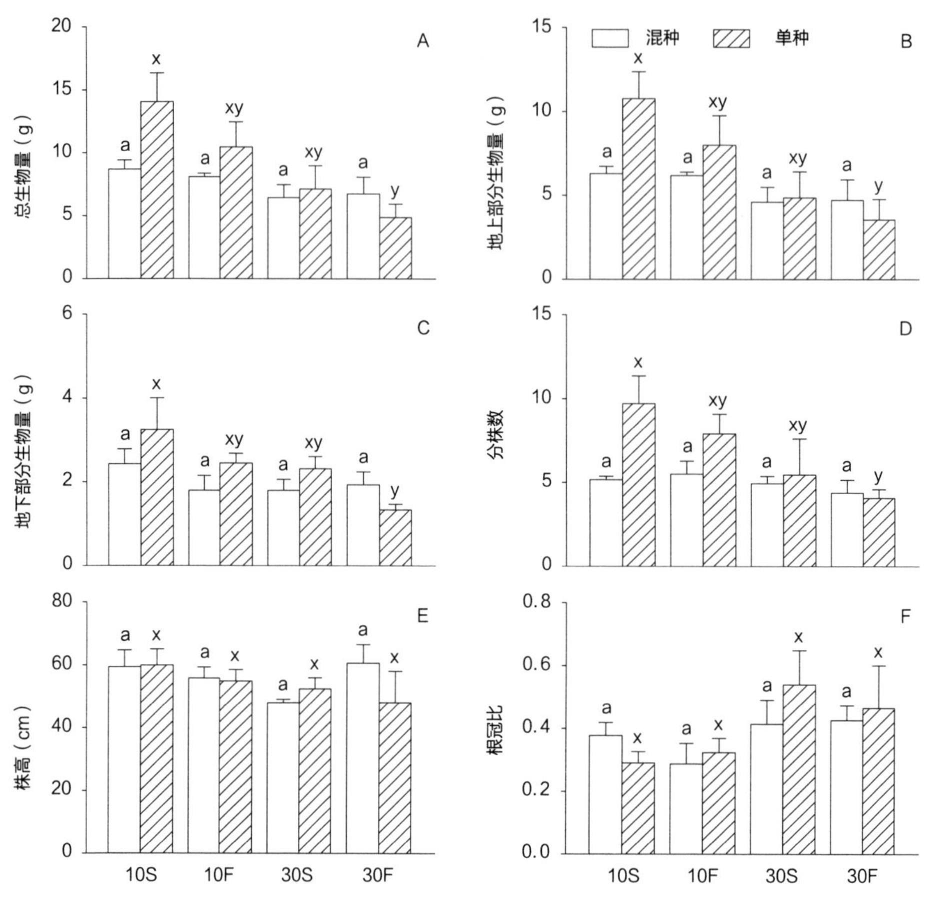

图 3-18　水文深度、水位波动和种间竞争对芦苇生长影响

A. 总生物量；B. 地上生物量；C. 地下生物量；D. 分株数；E. 平均株高；F. 根冠比

表 3-4　植物种间竞争和 4 种水文处理对植物生长指标的影响

性状	种间关系		水文处理		交互作用	
	$F_{1,\ 16}$	P	$F_{3,\ 16}$	P	$F_{3,\ 16}$	P
扁秆藨草						
总生物量 *	0.22	0.644	11.29	< 0.001	4.52	0.018
地上生物量 *	1.35	0.262	11.02	< 0.001	5.64	0.008

（续）

性状	种间关系		水文处理		交互作用	
	$F_{1,16}$	P	$F_{3,16}$	P	$F_{3,16}$	P
地下生物量	3.77	0.070	3.73	0.033	0.26	0.855
分株数	0.80	0.385	4.04	0.026	2.90	0.067
平均株高	0.90	0.358	3.22	0.051	0.74	0.544
根冠比	1.82	0.196	1.14	0.362	0.96	0.437
芦苇						
总生物量	2.52	0.130	5.75	0.007	1.98	0.158
地上生物量 *	2.38	0.142	5.77	0.006	1.99	0.156
地下生物量	1.70	0.211	3.58	0.038	1.45	0.265
分株数	4.95	0.041	3.35	0.045	1.79	0.190
平均株高	0.35	0.561	1.08	0.386	0.94	0.447
根冠比	0.28	0.603	2.34	0.112	0.69	0.572

注：* 表示数据转换。

然而，水位波动对植物的影响并不显著，随着水位波动和水位深度的增加，芦苇的竞争能力显著增强，这主要是受益于其较为坚硬的枝干对植物体的支撑作用。根据 *RII* 的分析结果我们可以看出植物间的关系随着水位波动的增大，从相互竞争的关系变化为互利互惠（图 3-18、图 3-19 和表 3-5）。这种结果与胁迫梯度假说相吻合。

水深超过一定深度后，挺水植物受到的胁迫增加，挺水植物为减轻这种胁迫作用造成的危害，能通过部分形态可塑性来调整形态结构和资源分配方式，以适应水深的变化（Clevering et al.，1998；罗文泊等，2007；袁桂香等，2011）。因此小范围的水位波动对扁秆藨草和芦苇这两种可塑性强的植物的影响不大。高水位带来的正相关作用是由于邻体对环境的改善缓解了由竞争造成的个体生长速率下降。

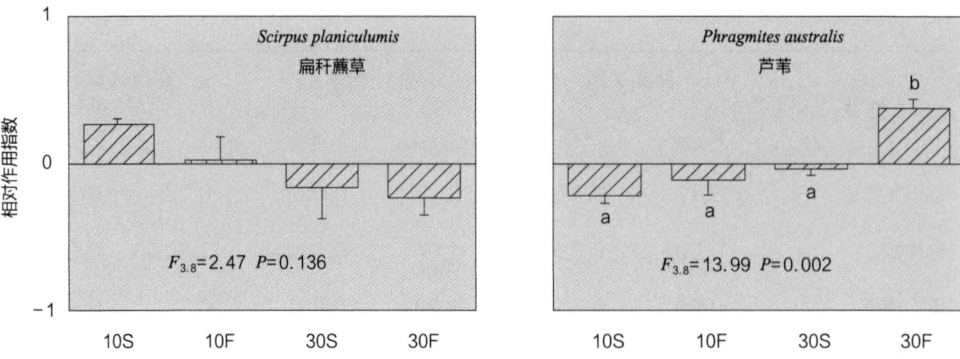

图 3-19　基于生物量计算的 2 种植物 RII 值的单因素方差（one-way ANOVA）分析结果

表 3-5　T 检验结果，显著性指数与 95% 置信区间

物种		P	95% 置信区间	
			上限	下限
扁秆藨草	10S	**0.025**	0.081	0.448
	10F	0.931	-0.673	0.704
扁秆藨草	30S	0.503	-1.048	0.716
	30F	0.165	-0.725	0.243
芦苇	10S	**0.046**	-0.430	-0.010
	10F	0.383	-0.549	0.324
	30S	0.535	-0.242	0.170
	30F	0.522	-0.661	0.950

注：黑体表示 *RII* 值与 0 值差异显著。

干扰性强的水文环境特征会显著降低扁秆藨草的生长，从而降低其竞争能力，这种现象使得芦苇在种群中占优势。这也是芦苇在当前人为干扰（包括人为造成的水位上涨、过度开发导致湿地破碎化等）严重的地区呈现出明显扩张现象的主要原因。

三、滨海湿地植被退化趋势分析

在辽河口鸳鸯沟风景区典型的河岸带，选取芦苇与盐地碱蓬 2 种植物的生态交错带设置固定监测样方，面积均为 2 m×2 m，相邻样方之间相距 50 m，对样方内芦苇与盐地碱蓬 2 种植物的高度、盖度、密度等群落特征进行调查，并计算物种的相对盖度、相对密度以及重要值。调查在 2014～2015 年 8 月各进行 1 次。通过对 1 周年植物群落特征对比分析，揭示盐地碱蓬群落的退化特征。相对盖度（R_E）为某一物种的分盖度占所有物种分盖度之和的百分比；相对密度（R_D）为某一物种的密度占所有种的密度之和的百分比；重要值（IV）采用以下公式计算：

$$IV = (R_D + R_F + R_E) / 3 \tag{3-6}$$

式中，R_F——相对频度。

1. 盐地碱蓬退化趋势

在 2014～2015 年，芦苇与盐地碱蓬 2 种植被交错带群落特征变化明显（表 3-6）。与 2014 年相比，2015 年芦苇盖度由 41.8% 增加至 78.4%，密度由 7.9 株 /m^2 增加至 18.4 株 /m^2，重要值由 93.4 增加至 132.1。对盐地碱蓬而言，盖度、密度、重要值分别由 2014 年的 56.8%、1979.6 株 /m^2、204.8 减少至 2015 年的 21.0%、1118.5 株 /m^2 与 166.8。可见，在 2014～2015 年间，芦苇逐渐扩张，盐地碱蓬逐渐退化，呈芦苇驱赶盐地碱蓬向海岸线快速变化的趋势。

表 3-6 辽河口湿地芦苇与盐地碱蓬群落交错带物种特征（平均值 ± 标准误）

物种	群落特征	2014 年	2015 年	F
芦苇	高度（cm）	164.0 ± 16.3	186.0 ± 15.0	0.984
	盖度（%）	41.8 ± 12.6	78.4 ± 8.7	5.688*
	密度（%）	1.6 ± 0.3	3.7 ± 0.4	16.345**
	重要值	93.4 ± 12.7	132.1 ± 8.9	6.253*
盐地碱蓬	高度（cm）	31.4 ± 4.4	35.8 ± 3.3	0.633
	盖度（%）	56.8 ± 12.3	21.0 ± 8.5	5.728*
	密度（%）	97.9 ± 0.7	95.8 ± 0.7	4.492
	重要值	204.8 ± 12.4	166.8 ± 8.9	6.223*

2. 土壤和植物 Na^+ 含量

土壤和植物 Na^+ 含量分别变化在 1.34～3.90 mg/g 和 2.79～5.75 mmol /g 之间（表 3-7）。与潮上带相比，潮间带具有较高的植物和土壤 Na^+ 含量（$P < 0.01$）。

表 3-7 辽河口湿地上游、中游和下游区域中潮上带、潮间带植物和土壤中 Na^+ 含量（平均值 ± 标准误）

	土壤 Na^+ 含量（mg/g，DW）		植物 Na^+ 含量（mmol/g，DW）	
	潮上带	潮间带	潮上带	潮间带
上游	1.59 ± 0.15	3.20 ± 0.26**	3.27 ± 0.42	4.94 ± 0.28*
中游	1.34 ± 0.07	3.40 ± 0.26***	2.79 ± 0.23	5.50 ± 0.19***
下游	1.70 ± 0.12	3.90 ± 0.20***	3.20 ± 0.36	5.75 ± 0.22*

注：***，$P < 0.001$；**，$0.001 < P < 0.01$；*，$0.01 < P < 0.05$。

3. 植物生物量

除中游区域以外，上游和下游区域的植物在潮上带生物量明显高于潮间带（图 3-20）。例如，在上游区域，潮上带植物生物量大约高出潮间带 40%。对于潮上带而言，和中下游相比，上游植物具有较高的生物量。然而，对潮间带而言，植物生物量在上游区域最高，中游区域其次，下游区域最低。

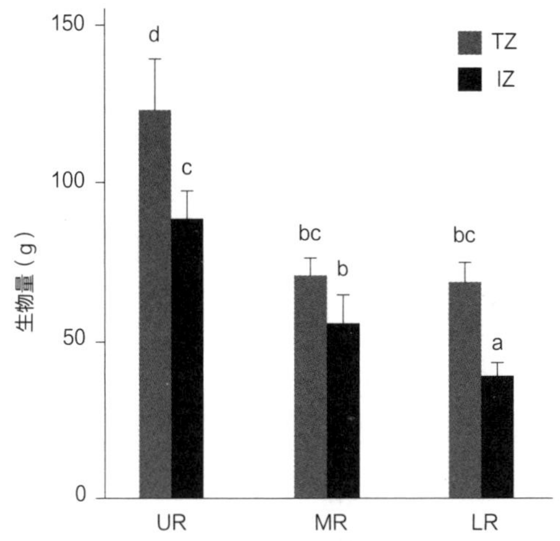

图 3-20 辽河口湿地上游、中游和下游区域中潮上带、潮间带植物生物量
小写字母表示差异达到 0.05 显著水平

在辽河口湿地，潮汐是影响植被格局的关键环境因子，导致潮上带植被主要为芦苇，潮间带为盐地碱蓬，因此芦苇的扩张以及盐地碱蓬的退化与潮汐的变化有关。近几十年来，受大规模开发的影响，湿地破碎化严重，潮汐通道被截断，大面积的潮间带转化成潮上带，是导致盐地碱蓬退化的关键原因，包括围海造田及围海养殖、旅游道路及廊道修建、盐田及油田开采三个主要方面。

四、滨海湿地植被退化生态学机制

辽河口湿地是我国典型的滨海潮汐湿地，以红海滩闻名遐迩（彭溶等，2012；荣子容等，2012）。然而，随着区域生态环境的变化，红海滩退化严重，年退化面积达到 14.23 km^2，引起了广泛的关注（陈爱莲等，2010；陈爽等，2011）。盐地碱蓬别称翅碱蓬、碱葱、盐蒿，是构建红海滩景观的特色植物。作为一年生草本，盐地碱蓬种群的维持和更新主要依赖于种子萌发，物种的退化可能与种子萌发特性有关（王欣和高贤明，2010；刘波等，2015；Wang et al.，2016）。因此，揭示种子萌发对关键环境因子的响应，有助于认识和理解盐地碱蓬退化机制。

种子萌发是植物生活史中最为脆弱的阶段，受到多种环境因子的影响（如温度、盐度、水分等）(Li et al.，2009；Liu et al.，2016；Wang et al，2016)。已有研究表明，盐度对盐地碱蓬种子萌发具有一定的影响，其影响大小与种子特性和生境状况有关(李存桢等，2005；史功伟等，2009)。与盐碱地生境相比，潮间带盐地碱蓬种子在高盐度环境下萌发率较高（史功伟等，2009）。而在滨海湿地中，受潮汐作用，盐度、泥沙淤泥和水位交错变化，共同影响种子的萌发（李有志等，2015；Khan et al.，2002；Xiao et al.，2010；Wang et al.，2016；Zhu and Bañuelos，2016）。例如，泥沙埋藏能抑制沉水植物大叶藻种子的出苗（Zhang et al.，2015)，而适度淹水却能促进挺水植物扁秆藨草种子的萌发（Liu et al.，2016）。目前，关于盐地碱蓬种子萌发的研究多集中在盐度上，对泥沙埋藏和水位因子的研究相对较少，且研究区域限于黄河口湿地，缺乏对该物种种子萌发特性的全面认识（Mou and Sun，2011；Sun et al.，2014）。因此，本研究以辽河口湿地盐地碱蓬为研究对象，分别开展盐度、水深和泥沙埋藏的种子萌发实验，揭示关键环境因子对种子萌发的影响，为红海滩景观的恢复和湿地植被管理提供理论依据。

供试种子于2015年秋季采自辽河口湿地潮间带（40°45′～41°10′N，121°30′～122°0′E），自然风干后，用自封袋装好，放置于室内保存。种子为黑色，千粒重为0.26±0.01g。2016年4～5月，将盐地碱蓬种子用10%的次氯酸钠溶液消毒10 min后用于种子萌发实验。

1. 盐　度

选取50粒籽粒饱满的种子放置于铺有双层滤纸的培养皿中（直径10 cm），用不同盐度的NaCl溶液（0 mmol/L、200 mmol/L、400 mmol/L、600 mmol/L、800 mmol/L）保持滤纸湿润，每个处理8个重复。将装有种子的培养皿置于培养箱内，光温度条件设置为光照12h/25℃，黑夜12h/20℃，以种子胚根突破种皮1 mm视为萌发，于每天的同一时间观察种子萌发情况并记录萌发数目，持续15天。

种子萌发（出苗）率（G，%）= 实际萌发（出苗）数 / 种子总数 × 100%　　(3-7)

种子萌发（出苗）速率（GR，%）=（$G_1/T_1 + G_2/T_2 + G_3/T_3 + \cdots + G_t/T_t$）× 100%　　(3-8)

式中，T_t——萌发（出苗）日数；

G_t——t时间的发芽（出苗）率（崔现亮等，2014）。

盐地碱蓬种子在盐度为0～600 mmol/L之间均能萌发，当盐度达到800 mmol/L时，种子不能萌发（表3-8、图3-21）。随着盐度的增加，盐地碱蓬种子萌发率和萌发速率显著降低。

表3-8　不同盐度下盐地碱蓬种子萌发率和萌发速率（平均值 ± 标准误）

	盐度（mmol/L）				
	0	200	400	600	800
萌发率（%）	70.0±1.5 d	51.6±1.4 c	11.0±1.8 b	2.0±0.5 a	0 a
萌发速率（%）	107.8±2.7 d	59.4±4.2 c	11.8±0.8 b	2.5±0.5 a	0 a

注：小写字母表示差异达到显著水平（P<0.05）。

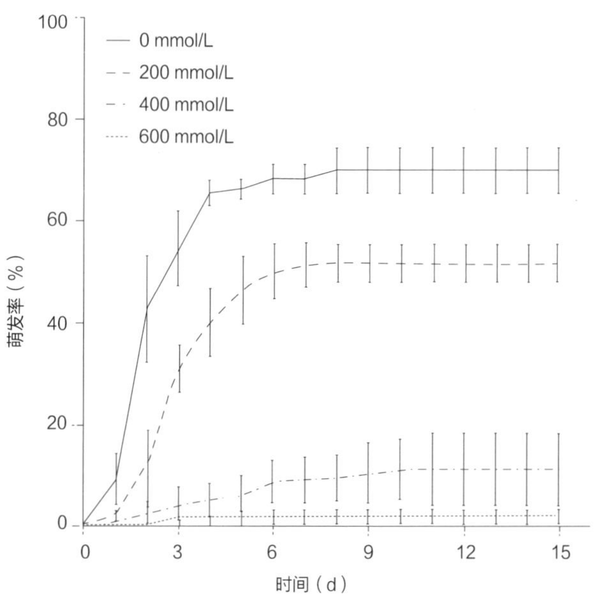

图 3-21　不同盐度下盐地碱蓬种子萌发过程

2. 水　位

分别将50粒籽粒饱满的种子用纱布袋包裹置于户外不同水深（0 cm、30 cm、90 cm）的水泥池内（长 1.0 m、宽 0.5 m、高 1.0 m）。户外温度为白天 23～28℃，晚上 18～22℃，观测时连同纱布一起取出种子，记录萌发率。实验重复数、种子萌发标准、观测时间同上。

盐地碱蓬种子在 0 cm、30 cm、90 cm 三种水深下均于第 2 天开始萌发。萌发率和萌发速率在 0 cm 和 30 cm 之间无显著差异，当水深达到 90 cm 时，显著降低(表 3-9、图 3-22)。可见，与低水深相比，高水深具有较低的种子萌发率和萌发速率。

表 3-9　不同水深下盐地碱蓬种子萌发率、萌发速率和水体溶解氧浓度

	水位（cm）		
	0	30	90
萌发率（%）	26.5 ± 2.3 b	24.5 ± 2.0 b	15.0 ± 1.7 a
萌发速率（%）	25.8 ± 1.8 b	21.9 ± 2.1 b	10.9 ± 1.9 a
溶解氧浓度（mg/L）	5.5 ± 0.1 b	4.9 ± 0.3 ab	4.35 ± 0.40 a

注：小写字母表示差异达到显著水平。

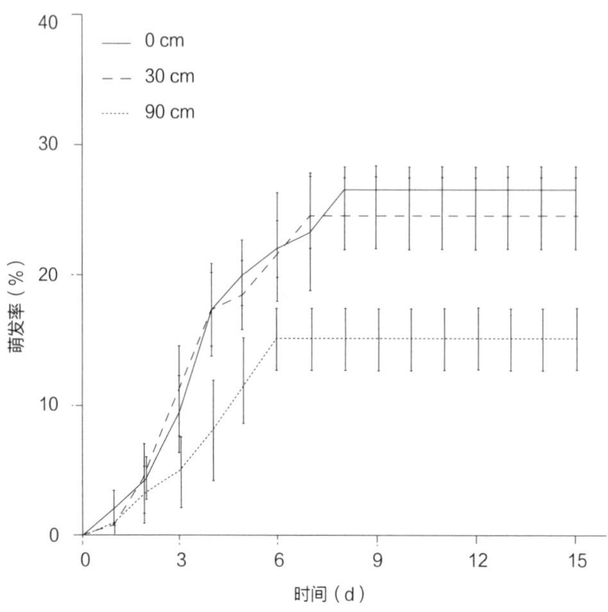

图 3-22　不同水深下盐地碱蓬种子萌发过程

多重比较结果表明，0 cm、30 cm、90 cm 水深下水体溶解氧浓度差异显著。随着水深的增加，溶解氧浓度逐渐减小。

3. 泥沙埋藏

分别将 50 粒籽粒饱满的种子放置于铺有双层滤纸的培养瓶中（直径 8 cm、高 10 cm），分别用泥、沙、泥沙混合物（$V_{泥}:V_{沙}=1:1$）3 种基质埋藏种子，埋藏深度分别为 0 cm（对照）、1 cm、2 cm 和 3 cm。将装有种子的培养瓶至于培养箱内，光温度条件为光照 12h/25℃，黑夜 12 h/20℃，以幼苗突破基质表层视为出苗。实验重复数、观测时间同上。

基质类型和埋藏深度对盐地碱蓬种子出苗具有重要的影响。与沙埋藏相比，泥和泥沙混合物埋藏的种子都不能顺利出苗。随着沙埋藏深度的增加，种子出苗时间、出苗率和出苗速率均逐渐减小。当沙埋藏深度增加至 3 cm 时，种子不再出苗（表 3-10、图 3-23）。

表 3-10　不同基质和埋藏深度下盐地碱蓬种子出苗率和出苗速率

	0	沙（cm）			泥沙（cm）			泥（cm）		
		1	2	3	1	2	3	1	2	3
出苗率（%）	57.3 ± 1.5d	33.7 ± 1.4c	16.0 ± 2.2b	0a	0a	0a	0a	0a	0a	0a
出苗速率（%）	79.5 ± 3.8d	25.8 ± 2.2c	10.0 ± 1.7b	0a	0a	0a	0a	0a	0a	0a

注：小写字母表示差异达到显著水平。

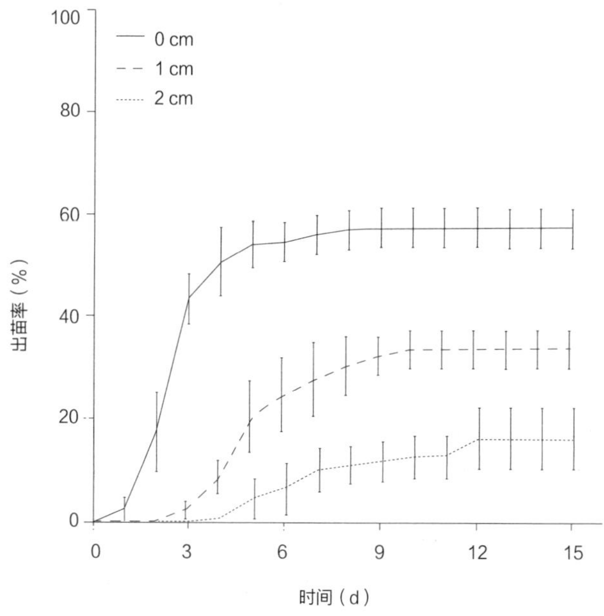

图 3-23　不同沙埋深度下盐地碱蓬种子出苗过程

4. 物种退化的种子萌发机制

辽河口湿地盐地碱蓬种子在低盐浓度下能顺利萌发，具有一定的耐盐性（闫留华等，2008；史功伟等，2009）。随着盐度的增加，盐地碱蓬种子萌发率和萌发速率逐渐降低，当盐度增加到 800　mmol/L 时，种子不再萌发，表明盐地碱蓬种子萌发的盐度最大值为 600　mmol/L。植物种子萌发的耐盐性因物种而异（Zhu and Bañuelos, 2016）。与盐地碱蓬相比，地肤（*Kochia scoparia*）和黑油脂木（*Sarcobatus vermiculatus*）等种子萌发的盐度最大值可达到1000 mmol/L（Khan et al.，2001；Khan et al.，2002）。作为典型的盐生植物，管博等（2011）的研究表明，当盐度达到500 mmol/L时，黄河三角洲的盐地碱蓬种子萌发率仍保持在50 %，高于辽河口湿地盐地碱蓬种子的萌发率（400 mmol/L为11.0 %，600 mmol/L为2.0 %）（管博等，2011）。产生差异的原因在于种子萌发的耐盐性与种子特征有关。盐地碱蓬种子具有黑色和棕色2种类型，与棕色种子相比，黑色种子具有较低的耐盐性（史功伟等，2009）。高盐抑制种子萌发的主要原因在于：①引起种子溶质渗出，增加种子吸收水分难度（Gul et al.，2013）；②破坏细胞膜结构，导致有毒离子进入细胞（An et al.，2011；Zhang et al.，2013）。因此，随着盐度的增加，种子萌发速率一般逐渐降低（Wei et al.，2008；Ahmed and Khan，2010；Zhu and Bañuelos，2016）。

水位和泥沙淤泥是湿地生态系统的两个重要环境因子（Li et al.，2009；Sun et al.，2014；Liu et al.，2016）。对水位而言，辽河口湿地盐地碱蓬种子在0~90 cm的水深下都能顺利萌发。其中，0 cm和30 cm水深下种子萌发率无显著差异，表明低水位对盐地碱蓬种子萌发无影响。Liu等的研究表明，低水位有利于湿地植物扁秆藨草种子的萌发（Liu et al.，2016）。水深对种子萌发的影响与水体溶解氧、光照、温度等环境因子有关（Li et al.，2009；Liu et al.，2016）。随着水深的增加，水体溶解氧逐渐降低是高水位下种子萌芽率低的主要原因（Li et al.，2009）。对泥沙埋藏而言，辽河口湿地盐地碱蓬种子仅在1 cm和2 cm 深度的沙埋下顺利出苗，而在泥和泥沙混合基质的埋藏下无出苗现象，表现出较高的敏感性。研究也表明，湿地植物大叶藻种子在高于1 cm深度的泥沙埋藏下不能顺利出苗（Xiao et al.，2010；Wang et al.，2016）。泥沙埋藏下种子是否出苗与种子大小和土壤溶解氧、光照、水分等微生境因子有关（Javier et al.，2012；Joly et al.，2013；Wang et al.，2016）。在浅层泥沙淤泥区，由于保湿保水性强，且透气性好，种子出苗率较高（Acosta et al.，2014；Wang et al.，2016）。而在深层泥沙淤泥区，由于氧气含量低，缺少光照和温度的波动，或小种子所萌发的幼苗不能突破泥沙表层，种子出苗率低（Zhang and Maun，1990；Javier et al.，2012；Joly et al.，2013）。

盐度、水位和泥沙埋藏是盐地碱蓬种子萌发的重要影响因子。高于600 mmol/L的盐度或大于2 cm的泥沙埋藏，都不利于种子的萌发。在辽河口湿地，受潮汐作用，盐度、水位和泥沙淤泥错综复杂且变化多端。以水位为例，年变化幅度达到2.7 m（Ye et al.，2015）。可见，盐地碱蓬种子萌发对盐度、水位和泥沙淤泥的高敏感性可能是该物种退化的主要原因之一。同时，受潮汐影响，盐地碱蓬种子移动性大，多沉积于低洼地带，易形成高盐度、高水位、高泥沙埋藏等种子萌发的逆境。因此，在植被恢复中，应避免潮汐对种子的冲刷，以降低盐度、水位和泥沙淤泥对种子萌发的不利影响，是恢复红海滩景观的关键所在。

5. 其他退化机制

在辽河口湿地，植被变化明显，呈现出芦苇扩张而盐地碱蓬退化的趋势，2种优势植被交错带逐渐向海岸线下移。湿地植被的演变取决于水文、泥沙淤积等环境的变化以及植物对环境变化的适应能力（Sun et al.，2010；Pan et al.，2012；Li et al.，2013）。如在洞庭湖湿地，水位降低导致优势植物薹草适应性减弱，物种分布面积逐渐减少（唐玥等，2013）。在黄河口湿地，水深高于0.67 m以及盐分含量大于16.48 g/kg的区域不利于盐地碱蓬的生长（崔保山等，2008）。作为滨海湿地的重要生态过程，潮汐能有效地调控湿地水位与盐分，导致芦苇主要分布于潮上带，而盐地碱蓬主要集中于潮间带，因此植被的消长与潮汐密切相关（Song et al.，2009；Wang et al.，2010；Li et al.，2013）。然而，受自然因素以及大规模人为干扰的双重影响，辽河口湿地破碎化严重，水文生态过程受阻，大面积的潮间带转化成潮上带，致使盐地碱蓬的退化严重。

（1）自然因素。水是维系湿地生态系统结构与功能的支点，是物质流、信息流和能量流的主要载体，也是影响植被格局的关键环境因子（Ahn et al.，2007；Nebel et al.，2001；李有志等，2014）。在滨海湿地，潮汐与降水是两大关键水文过程，海潮能提升土壤盐分含量，而降水在一定程度上能减缓土壤盐渍化。辽河口湿地1990～2008年年平均降水量为613 mm，其中1990年为854 mm，2008年为639 mm，降水量总体上呈现出减少趋势（陈爽等，2011）。而随着上游大规模的农业开发，尤其是水利建设的大修，导致雨季下游湿地洪水的减少，淡水缺乏，土壤盐分含量逐渐升高，抑制盐地碱蓬的生长（Song et al.，2009；Wang et al.，2010；谭向峰等，2012）。此外，辽河口湿地逐年升高的温度，加速了土壤水分的蒸发，导致湿地缺水，加速湿地旱化（陈爽等，2011；谭向峰等，2012）。因此，在全球变化背景下的低降水量与高温，加剧了辽河口湿地土壤盐渍化，导致盐地碱蓬的退化。

在辽河口湿地，受河流动力、潮汐能以及农业开发的综合影响，近百年来海岸线总体呈现出逐渐向海湾中心外推的趋势，其中1979～2003年外推速度达到10.85 km^2/a，新增海滩面积达253 km^2（谌艳珍等，2010）。海岸线的外推导致潮汐区间逐渐下移，大面积的潮间带转变为永久性潮上带，引起盐地碱蓬的退化（李有志等，2015）。然而，对于新生滩地而言，由于成土历程短、熟化程度低、土壤养分少，且土壤含盐量高、地表蒸发快、极易盐碱化，不利于盐地碱蓬的生长（张晓龙，2005；崔保山等，2008；李甲亮等，2008）。因此，随着潮上带的外推，适宜盐地碱蓬生长的潮间带逐渐缩小，加之新增海滩不适宜盐地碱蓬生长，导致盐地碱蓬的退化。

（2）人为干扰。作为我国重要的商品粮和水产品基地，辽河口湿地大规模的围海造田以及围垦养殖，致使自然湿地转变为稻田、虾塘、蟹塘等人工湿地（芦晓峰等，2011；Huang et al.，2012）。研究表明，在1998～2007年的10年间，辽河口湿地土地利用格局变化明显，其中水稻田面积增加了2607.64 km^2，增加率达257.85%，而库塘和养殖区增加3910.36 km^2，增加率达1139.45%（陈爽等，2011）。大面积人工湿地的出现，一方面挤占了盐地碱蓬的生境，导致该物种生境的缩小，物种逐渐退化；另一方面稻田和库塘建设中，通常采用筑堤等方式以防止海水倒灌堤内，改变了水文动力，无法实现潮汐的涨落，大面积潮间带转化为潮上带，从而导致盐地碱蓬群落转化为芦苇群落（Wang et al.，2010；唐博雅等，2012）。

辽河口湿地是国际重要湿地，中国十大魅力湿地之一，以及全国最大的红海滩湿地景观，生态旅游发展迅速。以盘锦市为例，近10年来，旅游外汇收入增长明显，2000年为73万美元，2012年增加至13327万美元，年均增长率为1513%（盘锦市统计局，2013）。而为了更好地开发旅游资源，辽河口湿地大规模修建景观路、廊道等旅游设施，导致大面积湿地被分割，破碎化严重，形成以道路、廊道围成的闭合区域，隔断了自然生态系统的连通性，潮汐通道受阻，潮间带转化为永久性的潮上带，盐地碱蓬逐渐退化（唐博雅等，2012；王耕等，2012）。

辽河口湿地具有丰富的石油资源，是我国第三大油田，已探明石油地质储量为 23.7×10^8 t，天然气地质储量为 2125.9×10^8 m^3（刘旭东，2014）。据调查，辽河口湿地油井多位于潮滩上，且分布分散，一方面油田堤坝道路的修建，阻碍了潮汐正常运移，水文动力条件改变，涨潮与落潮流速减慢，加速了泥沙淤泥，使得潮滩、潮沟变窄，潮间带逐渐变为潮上带，导致盐地碱蓬的退化（王耕等，2012）。另一方面，油田开采过程中的污染物（如多环芳烃等）以及上游的污染物质大多直接排入辽河口湿地，引起水体及土壤的污染，造成植被生境的退化，引起盐地碱蓬的大面积消失（廖书林等，2011；于格等，2012；Wu et al.，2012）。

在2014～2015年间，芦苇与盐地碱蓬2种植被交错带群落特征变化明显，其中芦苇盖度、密度、重要值均明显增加，而盐地碱蓬均大幅度减小，呈现出芦苇扩张以及盐地碱蓬退化，前者驱赶后者快速向海岸线外推的趋势。辽河口湿地盐地碱蓬的退化是自然环境以及人为过度干扰综合作用的结果，恢复红海滩湿地应更多地关注于人为干扰活动。因此，应建立红海滩湿地保护区，禁止区内所有的开发活动，以保护湿地的完整性。在低高程区域，应分步地开展退田（养殖塘）还海，并借助人工措施（如人工种植等），来开展盐地碱蓬的恢复。对于湿地破碎化区域，应大力修建潮汐通道（如涵洞、桥梁等），通过潮汐正常的涨落实现湿地的大连通。而对于湿地的油田开采，应进一步科学规划，避开红海滩湿地保护区域，减少因开采污染等对盐地碱蓬的影响，促进红海滩湿地景观的恢复。

第 四 章

滨海湿地生态系统服务评价指标及方法

张骁栋 摄

第一节　滨海湿地生态系统服务评价指标体系

根据MA对生态系统服务的分类方案，生态系统服务总价值即为供给服务价值、调节服务价值与文化服务价值之和，如公式（4-1）所示，供给服务、调节服务和文化服务的价值计算公式如下：

$$TEV=EPV+ERV+ECV \tag{4-1}$$

$$EPV=\sum Y_i\times P_i \tag{4-2}$$

$$ERV=\sum R_j\times P_j \tag{4-3}$$

$$ECV=\sum C_k\times P_k \tag{4-4}$$

式中，TEV——生态系统服务总经济价值（元）；

EPV——生态系统产品价值（元）；

ERV——生态系统调节服务价值（元）；

ECV——生态系统文化服务价值（元）；

Y_i——第 i 类生态系统产品产量；

R_j——第 j 类调节服务功能量；

C_k——第 k 类文化服务功能量；

P_i、P_j、P_k——第 i 类、j 类、k 类产品或服务的价格（元）。

生态系统服务价值评估可以从生态功能量和经济价值量两个角度核算。因此，评估主要有3个步骤：一是核算滨海湿地生态系统产品与服务的功能量；二是确定生态系统产品与服务的价格；三是根据以上公式分别核算每类生态系统服务的价值，加和即可得到总经济价值（图 4-1）。

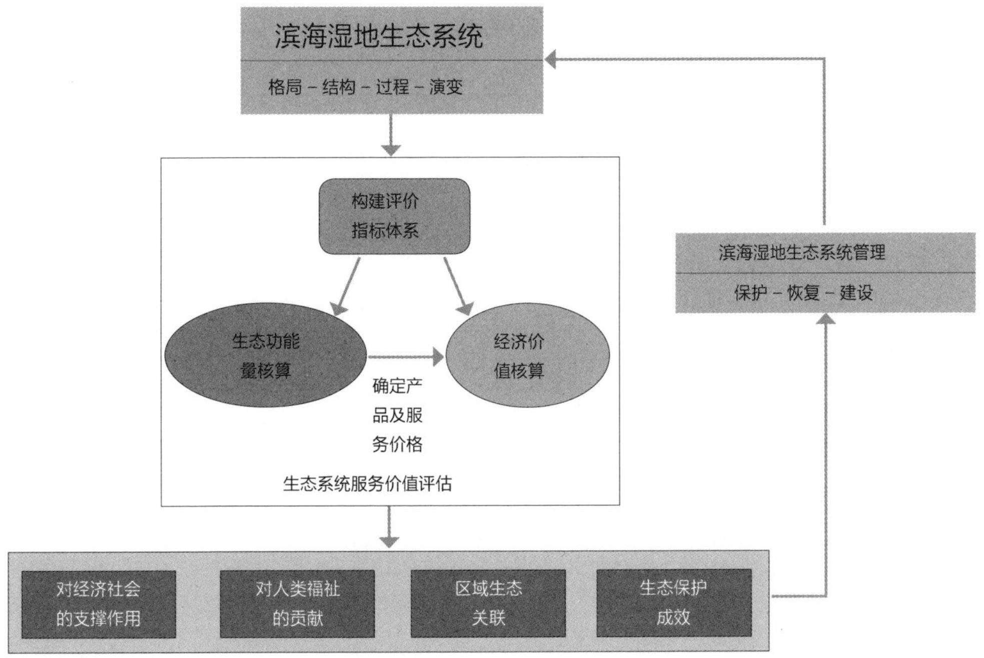

图 4-1　滨海湿地生态系统服务价值评估框架

第二节　滨海湿地生态系统服务评价方法

在本研究中，我们构建了基于供给、调节、支持和文化四类最终服务的滨海湿地生态系统服务功能评估指标体系和评估方法体系（表 4-1），共包括 4 大服务功能和 19 个评估指标。

表 4-1　湿地生态系统服务评估指标体系

服务类型	评估指标	评估范围
供给服务	食物生产	食用动物
		食用植物
	淡水供给	生活用水
		工业用水
		生态用水
	原材料生产	生活原料
		工业原料
		药材原料
	航运	货运
		客运
	电力供给	水力发电
		潮汐能发电

（续）

服务类型	评估指标	评估范围
调节服务	防洪蓄水	土壤蓄洪
		植被滞洪
		湖泊、河流调洪
	涵养水源	湿地存储的水资源
	气候调节	降温
		增湿
	水质净化	污水污染物处理
	促淤造陆	增加淤积
		保持土壤
		减少侵蚀
	消浪护岸	抵御风浪
		保护岸带
	大气组分调节	甲烷排放
		二氧化碳吸收和排放
		氧气释放
支持服务	生物多样性维持	湿地动物、植物、微生物以及它们所拥有的基因和生存环境
		支付意愿
	保持土壤	固土
		肥力保持

（续）

服务类型	评估指标	评估范围
支持服务	营养循环	氮循环 磷循环
	净初级生产力	植物生长量
	补充地下水	地下水位变化
	休闲旅游	旅行费用 旅行时间 其他消费
文化服务	科研教育	科研 教学实习 出版物 影视娱乐

（1）食物生产价值（A_1）。滨海湿地提供食物的功能价值可以直接采用市场价值法进行核算，公式如下：

$$A_1 = \sum Q_i \times P_i \tag{4-5}$$

式中，A_1——湿地食物生产价值（元）；

Q_i——各种湿地食物的产量（kg）；

P_i——相应湿地食物的市场单位价格（元 /kg）。

（2）原材料生产价值（A_2）。滨海湿地提供原材料的功能价值可以直接采用市场价值法进行核算，公式如下：

$$A_2 = \sum T_i \times J_i \tag{4-6}$$

式中，A_2——湿地原材料生产价值（元）；

T_i——各种湿地原材料的产量（t）；

J_i——相应原材料的市场单位价格（元 /t）。

（3）航运价值（A_3）。滨海湿地提供航运的功能价值可以直接采用市场价值法进行核算，主要包括货运和客运两大类，公式如下：

$$A_3 = L \times E \times P \tag{4-7}$$

式中，A_3——湿地提供的航运价值（元）；

L——湿地水域运输线路总长（km）；

E——完成的运输量（t）；

P——运输单位价格［元／（t · km）］。

（4）电力供给（A_4）。滨海湿地提供电力的功能价值可以直接采用市场价值法进行核算，公式如下：

$$A_4=G\times P \tag{4-8}$$

式中，A_4——湿地电力供给的价值（元）；

G——湿地年发电量（kW · h）；

P——基准年电价［元／（kW · h）］。

（5）防洪蓄水价值（B_1）。防洪蓄水价值采用替代法进行核算，公式如下：

$$B_1=（W_s+W_u+W_r）\times P_s \tag{4-9}$$

式中，B_1——湿地防洪蓄水的价值（元）；

W_s——土壤的蓄洪量（m^3）；

W_u——植被的滞洪量（m^3）；

W_r——湖泊河流的调洪量（m^3）；

P_s——水库造价成本，水库造价成本取 7.02 元 /m^3。

（6）涵养水源功能价值（B_2）。滨海湿地涵养水源功能价值采用影子工程法进行核算。主要公式如下：

$$B_2=X\times Z \tag{4-10}$$

式中，B_2——湿地涵养水源的价值（元）；

X——湿地存储水资源总量（m^3）；

Z——修建水库单位造价成本，水库造价成本取 7.02 元 /m^3。

（7）调节气候功能价值（B_3）。滨海湿地可以通过水面蒸发来调节温度和增加空气湿度。采用影子工程法计算调节气候价值。

$$B_3=\Delta T\times P_1+\Delta M\times P_2 \tag{4-11}$$

式中，B_3——湿地气候调节的价值（元）；

$\triangle T$——湿地降温幅度（℃）；

$\triangle M$——湿地增湿幅度（%）；

P_1——采用空调或风扇降温 1℃需要的费用（元 /℃）；

P_2——采用加湿器增湿 1% 需要的费用（元）。

也可以通过湿地生态系统的蒸发吸收热量来对温度和湿度进行调节。通过湿地水域多年的蒸发平均深度及水域面积计算湿地蒸发量。

根据水在 100℃、1 个标准大气压下的汽化热为 226 0kJ/kg 得出蒸发所吸收的总热量，再根据基准年湿地所在地的平均电价和空调的能效比 3.0 来计算调节温度的价值。

湿地蒸发量即为增加空气中水汽的量，增加空气湿度的价值采用加湿器使用消耗进行计算，市场上较常见家用加湿器功率 32 W，将 1 m^3 水转化为蒸汽耗电量约为 125 kW · h。

（8）水质净化功能价值（B_4）。滨海湿地水质净化功能价值可采用影子工程法来评估。相应的计算公式如下：

$$B_4=Q\times L \tag{4-12}$$

式中，B_4——湿地水质净化的价值（元）；

Q——湿地每年接纳周边地区的污水量（m^3）；

L——单位污水处理成本（元 /m^3）。

(9) 固碳功能价值 (B_5)。滨海湿地植物进行光合作用，吸收 CO_2。具体计算公式如下：

$$B_5=(W_1+W_2)\times P \tag{4-13}$$

式中，B_5——湿地固碳功能价值（元）；

W_1——植物固碳量（t）；

W_2——土壤固碳量（t）。

$$W_1=1.63\times R_{碳}\times B \tag{4-14}$$

式中，$R_{碳}$——CO_2 中碳的含量，为 27.27%；

B——植物生物量（g/m^2）。

$$W_2=\sum A_i\times C_i \tag{4-15}$$

式中，A——研究区不同景观类型的面积（km^2）；

C——各景观类型的土壤碳密度（t/km^2）；

P——固碳价格，一般采用瑞典碳税率 150 美元 /t，按基准年汇率进行人民币换算。

（10）促淤造陆功能价值（B_6）。滨海湿地促淤造陆功能价值采用影子工程法，具体计算公式如下：

$$B_6=S\times P\ (Q+R)\ /H+S\times P_f\times\ (Q+R)\ \times\rho \tag{4-16}$$

式中，B_6——湿地促淤造陆的价值（元）；

S——具有维持土壤减少侵蚀价值的湿地面积（hm^2）；

P——中国湿地单位面积效益价值（元 /hm^2）；

Q——土壤侵蚀量（t）；

R——湿地每年土壤淤积量（t）；

H——中国土壤耕作层平均厚度（m）；

P_f——复合肥价格（元 /hm^2）；

ρ——土壤密度（mg/m^3）。

（11）消浪护岸功能价值（B_7）。滨海湿地消浪护岸功能价值采用专家评估法计算公式如下：

$$B_7=S\times F \tag{4-17}$$

式中，B_7——湿地消浪护岸的价值（元）；

S——湿地面积（hm^2）；

F——防御风暴潮的价值，依据专家评估法，Ledoux 研究成果显示岸滩防御风暴潮的价值为 9140~30760 美元 /hm^2，取其平均值 19950 美元 /hm^2。

（12）大气组分调节功能价值（B_8）。滨海湿地大气组分调节功能价值采用碳税法和直接市场价值法进行计算，公式如下：

$$B_8=B_{8_1}+B_{8_2} \tag{4-18}$$

$$B_{8_1}=1.2\times W\times P_0 \tag{4-19}$$

$$B_{8_2}=\ (24.5M_{CH_4}+M_{CO_2})\ \times A\times P \tag{4-20}$$

式中，B_8——湿地大气组分调节的价值（元）；

B_{8_1}——释放氧气的价值（元）；

B_{8_2}——温室气体排放的价值（元）；

W——湿地的植物生物量（t）；

P_o——氧气的价格（元 /t）；

M_{CH_4}——湿地 CH_4 的排放量（kg/hm^2）；

M_{CO_2}——湿地 CO_2 的排放量（kg/hm^2）；

A——湿地的面积（hm^2）；

P——碳的价格（元 /kg）。

公式中，以增温趋势（GWP）将 1kg 的 CO_2 产生的温室效应等同于 24.5kg 的 CH_4 产生的温室效应。

（13）生物多样性维持功能价值（C_1）。滨海湿地生物多样性维持功能价值采用支付意愿法进行计算，核算公式如下：

$$C_1=M_{WTP}\times R_{WTP}\times N \tag{4-21}$$

式中，C_1——湿地生物多样性维持服务的总价值（元）；

M_{WTP}——人均支付意愿值（元 /a）；

R_{WTP}——正支付比率（%）；

N——人口总数（人）。

（14）保持土壤功能价值（C_2）。滨海湿地保持土壤功能价值采用替代工程法进行计算，核算公式如下：

$$C_2=V_1+V_2 \tag{4-22}$$

$$A_c=A\ (X_2-X_1) \tag{4-23}$$

$$V_1=\Sigma\ A_c\times t_i\times P_h \tag{4-24}$$

$$V_2=\Sigma\ A_c\times B/\ (1000\times d\times \rho) \tag{4-25}$$

式中，C_2——湿地土壤保持的总价值（元）；

V_1——保持土壤养分的单位价值（元）；

V_2——减少废弃土地的经济效益（元）；

A_c——土壤保持量（t/ 年）；

A——湿地土壤面积（hm^2）；

X_1——有湿地植被土壤侵蚀模数；

X_2——无湿地植被土壤侵蚀模数；

t_i——土壤氮、磷、钾的纯含量（t）；

P_h——化肥（尿素、磷酸氢二铵和氯化钾）价格（元 /t）；

B——牧业（农业）年均收益（元 /hm^2）；

ρ——土壤容重（t/m^3）；

d——土壤厚度（m）。

（15）营养循环功能价值（C_3）。滨海湿地营养循环功能价值采用市场价值法进行计算，核算公式如下：

$$C_3=\ \Sigma\ L_i\times S_i\times P_i \tag{4-26}$$

式中，C_3——湿地营养循环功能价值（元）；

L_i——第 i 种湿地类型的单位面积营养循环量（g/hm^2）；

S_i——第 i 种湿地类型的面积（hm^2）；

P_i——相应营养元素的单位价格（元 /g）。

（16）净初级生产力功能价值（C_4）。滨海湿地净初级生产力功能价值采用市场价值法进行计算，核算公式如下：

$$C_4=\mathrm{NPP}\times P_b\times 1.2 \tag{4-27}$$

式中，C_4——湿地的净初级生产力价值（元）；

NPP——净初级生产力（t）；

P_b——基准年的标煤价格（元 /t）；

1.2——NPP 与标煤的转化系数。

（17）休闲娱乐功能价值（D_1）。滨海湿地休闲娱乐功能价值采用旅行费用法进行计算，核算公式如下：

$$D_1=M_1+M_2+M_3 \tag{4-28}$$

式中，D_1——湿地休闲娱乐功能价值（元）；

M_1——旅游费用支出，包括旅游直接收入和旅行费用（元）；

M_2——旅行时间价值（元），等于每小时工资标准 × 旅行总小时数 × 40%；

M_3——其他花费（元）。

（18）科研教育功能价值（D_2）。滨海湿地科研教育功能价值采用模拟市场法进行计算，核算公式如下：

$$D_2=K\times P_W \tag{4-29}$$

式中，D_2——湿地科研教育功能价值（元）；

K——与湿地相关的论文发表数量（篇）；

P_W——论文的投入成本（元 / 篇）。

或 $$D_2=U\times S \tag{4-30}$$

式中，U——单位湿地面积产生的科研教育价值（元 /hm^2）；

S——湿地面积（hm^2）。

第五章

滨海湿地生态系统服务评估重复性计算剔除技术

张曼胤 摄

第一节　概念框架法

通过对湿地生态系统服务价值评估重复计算产生的原因进行分析，本研究提出了一个概念性框架来尽量避免重复计算（图 5-1）。①根据湿地的特征和所处的环境确定湿地生态系统的服务指标，然后根据是否对人类效益产生直接贡献将其分为中间服务和最终服务，以最终服务的价值作为湿地生态系统服务的总价值。②在具体的服务价值评估过程中，分析服务之间重复计算的方式，通过评估参数的明确、评估方法的选择、数学公式的构建来解决，最后构建一个湿地生态系统服务价值评估重复计算的解决框架。这一框架不仅适用于湿地生态系统服务总价值的评估，同时也适用于评估单个服务的价值。

（1）湿地生态系统服务指标的确定。根据对湿地生态系统服务的理解，对 Costanza、Daily、De Groot、MA、Woodward、TEEB 等分类结果进行分析总结，综合考虑经济、社会、生态环境等方面，全面体现科学性、全面性和重点相结合、简明可操作性原则，将湿地生态系统服务指标分为两个层级：第一层根据湿地的特点，将湿地生态系统服务分为 19 类，包括物质生产、调蓄洪水等；第二层根据湿地生态系统服务的效用表现形式进行细化，结果见表 5-1。

（2）最终服务的确定。湿地生态系统服务分为中间服务和最终服务。中间服务指类似于 MA 分类体系中的支持服务或部分调节服务，通过复杂的组合方式形成最终服务，间接地对人类效益产生贡献，如净初级生产力。最终服务指类似于 MA 分类体系中的供给服务和文化服务，能够为人类效益产生直接贡献，如物质生产和休闲旅游。人类效益是一些明显影响人类福祉或改变人类福祉的事物，如更多的食物、更少的洪水。中间服务也具有价值，甚至可能比最终服务的价值大，只是在计算湿地生态系统服务的总价值时，不能将中间服务和最终服务一起计算，因为前者的效益通过后者来体现。中间服务可以被计算在总价值中的唯一条件为其所对应的最终服务无法计算。在对湿地生态系统服务进行分类时，我们需要清楚哪些是最终服务，选择的唯一标准是对人类效益产生直接贡献。在确定湿地生态系统的最终服务时，要综合考虑湿地的结构、过程和功能，结合当地的社会经济情况和利益相关者，确定该湿地的最终服务（表 5-2）。

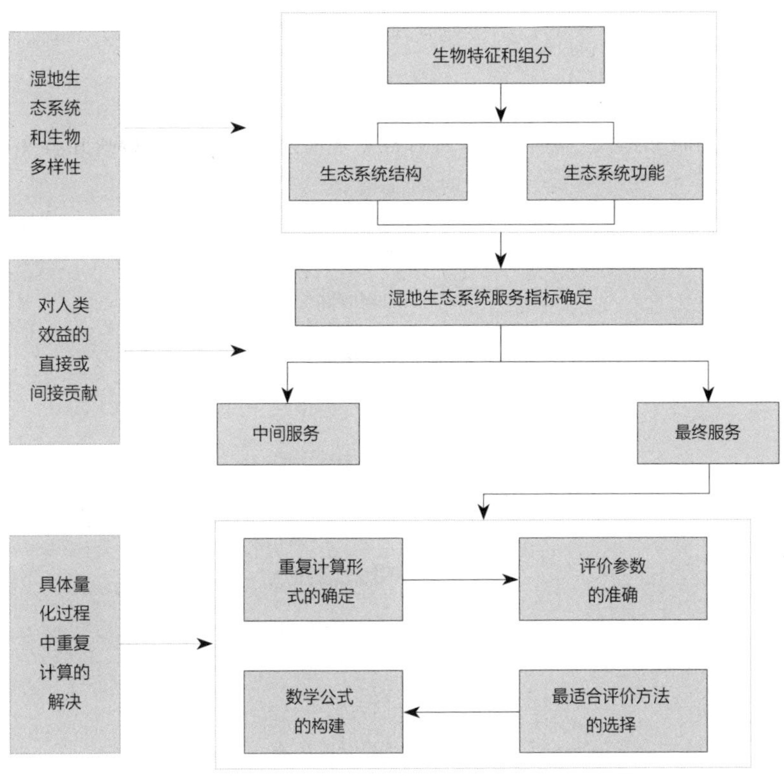

图 5-1 湿地生态系统服务价值评估重复计算的解决框架

表 5-1　滨海湿地生态系统服务的指标体系

一级指标	二级指标
物质生产	食物
	原材料
	燃料
	基因资源
供水	工业用水
	生活用水
	灌溉用水
电力供给	发电量
调蓄洪水	地表储水量
	土壤含水量
气候调节	降温
	增湿
固碳	植物固碳
	土壤碳储存
大气调节	氧气释放
	温室气体排放
土壤保持	减少废弃土地
	减少泥沙淤积
	保持土壤养分
水质净化（废弃物处理）	污染物降解
授粉	授粉
涵养水源	地表涵养水源
	土壤涵养水源

（续）

一级指标	二级指标
科研教育	科研投入、教学实习、出版物、影视娱乐
休闲旅游	休闲旅游
精神和宗教	享受文化、宗教、历史遗产景观
营养循环	N、P、K 等养分循环
净初级生产力	植物生长量
生物多样性维持	基因多样性、物种多样性、栖息地等的维持
土壤形成	土壤的形成
补充地下水	地下水位

表 5-2　湿地生态系统服务的分类体系

中间服务	最终服务	效益
营养循环	食物生产	食物
水循环	木材生产	薪材、木材
初级生产力	气候调节	舒适的气候
土壤形成	侵蚀控制	疾病控制
授粉	休闲旅游	休闲旅游
涵养水源	科研教育	认知 / 美学
生物多样性维持 其他服务	调蓄洪水	更少的洪水
	供水	饮用水
	水质净化	宗教 / 精神
	其他服务	其他

（3）具体量化时重复计算的解决。针对具体量化时的重复计算，本研究通过以下 4 步解决。

第一步，明确服务之间的重复计算形式。湿地生态服务评估的重复形式包括完全重复和部分重复（图 5-2）。在评估服务价值时，首先要分析各服务之间是否存在重复现象，以何种形式存在。

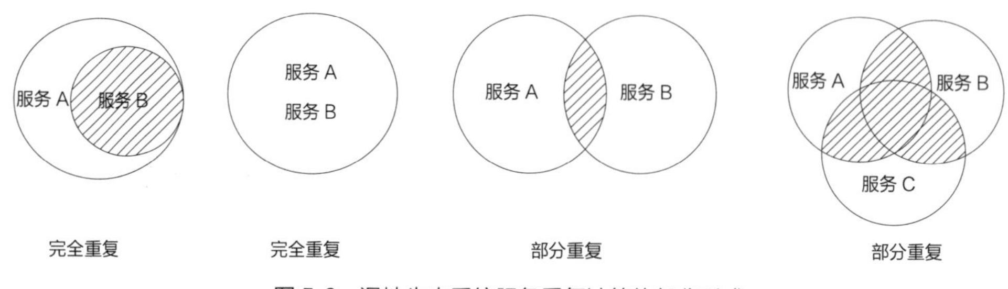

图 5-2　湿地生态系统服务重复计算的部分形式

通过对已发表的湿地生态系统评估案例的研究，总结了目前价值评估中存在的重复计算（表 5-3），随着对湿地生态系统服务内涵的不断了解以及评估方法的不断创新，更多形式的重复计算将会被发现和排除。

表 5-3　具体量化时存在重复计算的服务

服务	重复计算形式	形成类别	形成原因
土壤保持服务	部分重复	评估参数的重复	减少废弃土地与减少泥沙淤积的重复
营养循环与净初级生产力	完全重复	评估方法的不恰当	采用生物库养分持留法评估营养循环价值会完全包含在净初级生产力的价值中
营养循环与废弃物处理	部分重复	评估参数重复	植物或土壤净化废弃物中的 N、P 等营养元素参与到营养循环中
营养循环与水质净化	部分重复	评估参数重复	植物或土壤净化污染物中的 N、P 等营养元素参与到营养循环中
生物多样性维持与非使用价值	部分重复	指标模糊	生物多样性维持服务包括使用价值和非使用价值

（续）

服务	重复计算形式	形成类别	形成原因
生物多样性维持服务与休闲旅游等直接使用价值	部分重复	评估方法的不恰当	生物多样性维持服务包括使用价值和非使用价值
休闲旅游与物质生产	部分重复	评估方法的不恰当	当地生产的物质一部分被游客消耗

第二步，明确评估参数。针对不同的重复计算方式，在评估时首先要明确具体的评估参数。例如，在评估土壤保持服务时，应将减少土地废弃价值和减少泥沙淤积价值重复计算的部分去除，保留两者价值最大的一个。以两两服务之间出现的重复计算为例，构建概念性数学公式，解决评估参数导致的重复计算：

$$C=A+B-A\cap B \tag{5-1}$$

式中，C——去除重复计算部分的价值；

A 和 B——湿地生态系统服务；

$A\cap B$——服务 A 和 B 的重复部分。

第三步，选择适当的评估方法。湿地生态系统服务价值评估的每种评估方法都有其优缺点及适应的范围。一些评估方法只适合于单一价值评估，比如市场价值法只能用来评估直接使用价值；一些评估方法可以评估不同类型服务的价值，比如支付意愿法可以评估所有类型的价值。

为了避免重复计算，本研究建议根据以下 3 种原则来选择评估方法：①根据具体的评估情况选择评估方法。例如，供水服务可以被直接市场法、替代成本法、避免成本法、旅行费用法以及支付意愿法等方法评估。如果供水的目的是饮用水，则直接市场法是恰当的评估方法；如果供水的目的是为了瀑布或喷泉，则旅行费用法和享乐定价法则是合适的评估方法；如果供水是为了控制洪水等损害环境和人类福祉的事物时，替代成本法则是最好的选择。②在评估时尽量选择适应度高的方法（表 5-4）。如水质净化价值可以被替代成本法、可避免成本法、支付意愿法和旅行费用法等方法评估，如果只是评估湿地的水质净化价值，这些方法都可以，但是在评估湿地生态系统服务

表 5-4　湿地生态系统服务价值评估方法的适用度

服务	AC	SC	FI/P	HP	SP	MP	TC	CVM	CM
食物供给			+++			+++			
原材料供给			+++			+++			
水供给	+	++		+		+++	++	+	
大气调节	+++	++						++	
气候调节	++	++			+++			++	
蓄积水资源	++	+++						+	
调蓄洪水	++	+++						++	
净化水质	++	+++		+			+	++	
保持土壤	+++	++			++			+	
休闲旅游				+		++	+++	++	++
科研教育					+++	+++		+	
生物多样性维持								+++	++
营养循环		++			+++				
美学信息				+++					

注：AC 可避免成本法；SC 替代成本法；FI/P 净收益法 / 生产率法；MP 市场价值法；TC 旅行费用法；CVM 意愿调查法；CM 选择模型法；HP 享乐定价法；SP 影子价格法。

湿地生态系统服务常用的一些评估方法，+++ 表示适用度最高，++ 表示适用度稍高，+ 表示适用度一般，空格表示不确定或者不能适应。

的总价值计算时，为了避免重复计算，则应该选择替代成本法。③使用以调查问卷为主的评估方法时，如果采用同一种方法对不同的服务进行评估，应该在同一调查问卷中将要评估的服务全部列出。例如，支付意愿法可以评估湿地生态系统的大多数服务，如果采用支付意愿法评估某一湿地的休闲旅游和生物多样性维持服务价值时，应该在同一问卷中将 2 种服务同时列出，调查受访者的支付意愿。

第四步，数学公式的构建。一些服务之间出现的部分重复计算现象，既不能通过评估参数的去除来解决，也不能通过选择恰当的评估方法来回避，此时则需要构建数学公式来减少重复计算。本研究以调蓄洪水服务和蓄积水资源服务为例，通过给两者赋予一定的比例来减少重复计算。两者最适评估方法都是替代成本法，以单位水库造价成本作为它们的替代成本，但是水库本身的功能既包括了调蓄洪水又包括了蓄积水资源，因此在价值加和时采用同一水库造价成本会导致重复计算。假设这两种功能所占的成本各占水库造价成本的50%，同样以两两服务为例构建数学公式：

$$C=\alpha A+\beta B \tag{5-2}$$

式中，C—— 去除重复计算的价值；

A、B—— 服务；

α—— 服务 A 去除重复部分所占的比例（%）；

β—— 服务 B 去除重复部分所占的比例（%）。

第二节　网络矩阵模型法

生态系统中的“分离、反馈、共产物”机制通常十分复杂，而评估过程中所产生的重复性计算也往往是由于这 3 个基本机制所导致的。采用网络矩阵模型可以更好地理解湿地生态系统服务的内部关系，并且不是一味地采用某类服务的最大价值进行计算，同时可以更好地处理和剔除服务传递过程中由于“分离、反馈、共产物”等机制所产生的重复性计算。

将湿地生态系统服务价值评估与能值代数（emergy algebra）相结合，以湿地生态系统动态性特征为重点考虑因素，结合之前学者的研究体系（Collins and Odum，2000；Bardi et al.，2005），准确识别湿地生态系统服务内部“分离、反馈、共产物”这 3 个机制，在能值转换率的基础上，提出转换系数的概念，并根据湿地生态系统的特征及现状，构建湿地生态系统服务评估网络矩阵模型。在此模型中，我们把外部的输入转化为初始条件，将这个初始条件作为整个模型初始条件的一部分带入，建立一个 $n \times n$ 的矩阵模型。在模型中具有 n 个未知变量，同时包含 n 个独立的方程，与其他计算模型不同之处在于，这个模型具有唯一解。我们将通过应用不同的布局类型，建立能够反映系统网络结构的预处理过程称为预先分析过程。通过对矩阵模型的预先分析以及对其逆矩阵方程组的分析求解，我们可以一次性直接求解模型的最优解，从而省去了中间探索最优解的过程，使得计算结果更加精确。网络矩阵模型不仅适用于对整体服务价值进行评估，对各单项服务价值的评估同样适用，可以为其他类型的生态系统服务价值评估提供的解决思路，同时也为在区域尺度上精确评估湿地生态系统服务价值和湿地保护与恢复提供方法的支撑（图 5-3）。

首先，基于生态系统服务定义，从“受益人”角度识别湿地生态系统服务。如图5-4，显示了湿地生态系统与“受益人”之间复杂的相互关系。之所以从“受益人”角度识别是基于 Costanza 等人和 MA 的定义，生态系统服务是以人类为作用对象，衡量人类从生态系统中的获益情况，生态系统服务须对人类福祉产生效益才可计算其价值。因此，基于“受益人”的服务分类方式有助于合理划分湿地生态系统服务的传递路径，为第二步网络矩阵模型的构建、服务价值的量化以及第三步能值经济分析提供依据。

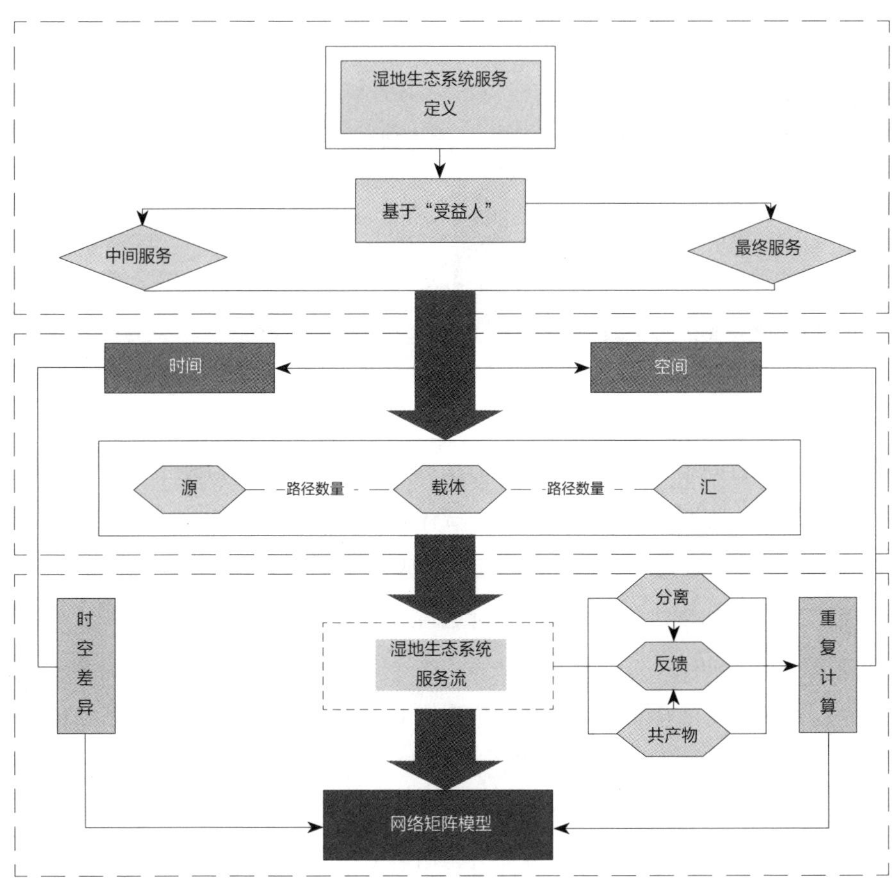

图 5-3　湿地生态系统能值分析法框架

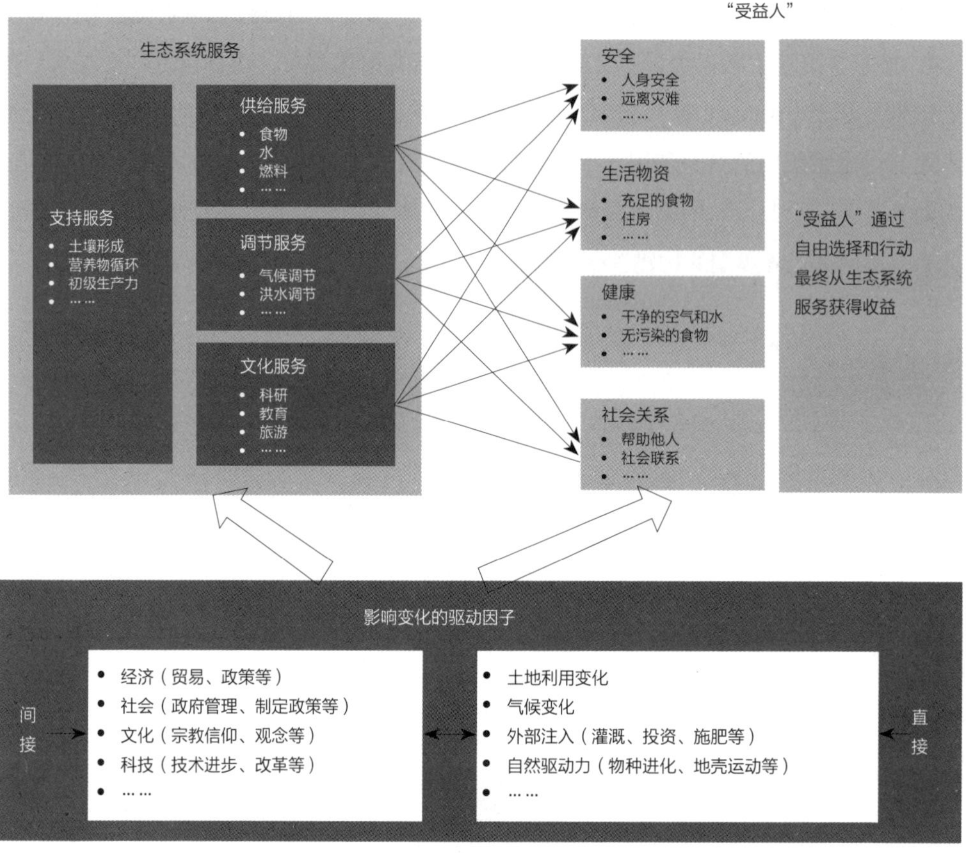

图 5-4 湿地生态系统服务与“受益人”的关系

第二步，在时间维度和空间维度两方面制定各类型服务的湿地生态系统服务网络结构，明确湿地生态系统服务的源、汇、载体和使用类型，即明确湿地生态系统服务的“参与者”。湿地生态系统服务网络矩阵模型方法的核心在于：①以湿地生态系统服务“受益人”为基础，确定各服务的生态系统“参与者”；②确定各“参与者”间湿地生态系统服务的流动过程及相互关系，在一个湿地生态系统服务中，某一“参与者”可能影响多项湿地生态系统服务的价值，而不同服务之间的各种复杂的相互作用的机制也对其价值产生一定程度的影响；③通过之前对“参与者”、服务类型及各个服务之间的相互的准确识别，构建输入–输出（input–output）的网络矩阵数学模型，并对模型进行一系列优化、校正，在此过程中对湿地生态系统服务价值评估的重复性计算问题进行合理的解释分析。

第三步，能值经济分析维度，基于湿地生态系统服务流模拟结果和能值代数法则进行能值代数计算，并将结果转化为市场价值。此步骤的核心在于识别生态过程中产品的“分离、共产物、反馈”机制以及合理构建能值代数式。

此外，我们还需了解网络矩阵模型的基本运算法则。网络矩阵模型的基本运算法则的雏形由 Scienceman（1987）提出。随后，又有不同的学者对其进行了补充和完善（Odum，1996；Brown et al.，2010）。网络矩阵模型算法的基本规则如下：①一个稳定的系统中，所有流入生产过程的能值均被分配至产出中；②若产出所分离的 2 个或多个路径的类型相同，则每条路径所分配的能值需根据总输入及路径数确定；③当存在共产物时，每个产出共产物的路径均携带此过程中所有输出的能值；④不能将同一能值计算 2 次，如同一生产过程所产生的副产物不能通过相加来得到能值的输入值，因为这样会使得到的结果大于实际值，即产生重复性计算。

在以上 3 个步骤的基础上，结合网络矩阵模型的基本运算法则，以湿地生态系统服务内部关系为基础，将服务间“分离、反馈、共产物”的机制在系统中的相互作用关系构建在一个复杂的网络结构中，对研究中所提出的转换系数的运算过程进行验证，如图 5-5 所示。在图中我们可以看到不同的形式“分离、反馈、共产物”这 3 个基本的机制，每条箭头都代表一个能值流动的路径。我们对系统中“分离、反馈、共产物”3 个机制进行具体的预先分析：

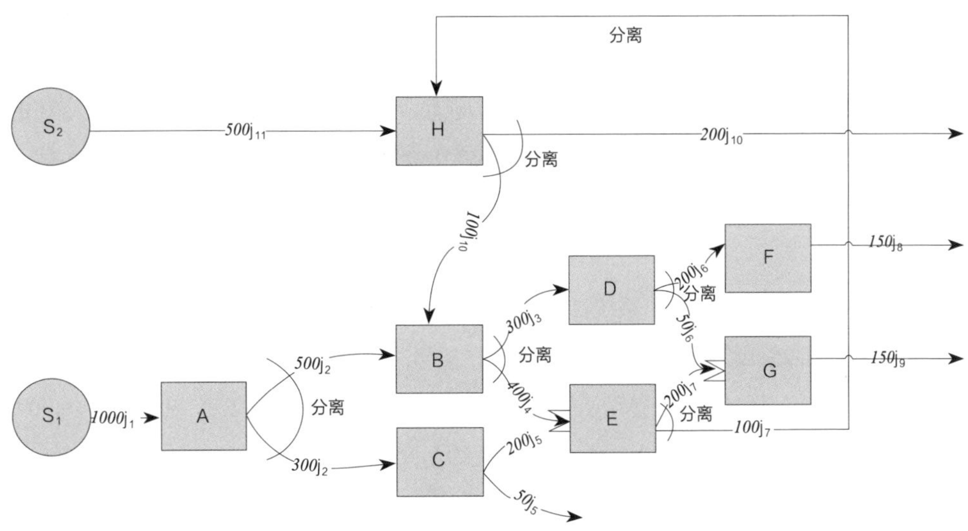

图 5-5　多机制共存的复杂网络结构

（1）分离机制将能值流按能量的分支进行分割，因此每个分离所产生的路径都拥有相同的转换系数。尽管转换系数相同，但分离的路径仍然是相互独立的，重复性计算通常产生于“反馈”或“共产物”路径产生重组的时候。例如，图 5−5 中 D 和 E 分离的其中一条路径在 E 处重组的过程，或由 E 反馈至 H 的过程。

（2）在图 5-5 中只有一个“共产物”的结构，即 D 与 E。由网络矩阵模型的运算法则可知，虽然转换系数不同，但它们拥有相同的输入能值，即 $300j_3=400j_4$。同样由运算法则可得到当 D 和 E 在 G 处再次汇合重组时，只有大的一部分才会被计算。根据网络矩阵模型的运算法则可以得出：$(50/250)\times 300j_3$（D 到 G）$=(50/250)\times 400j_4<(200/300)\times 400j_4$（E 到 G），由此式可以看出由 E 到 G 的能值大于由 D 到 G 的能值。所以在计算时，只有由 E 到 G 的能值被计算，而剔除了由 D 到 G 的能值。

（3）图 5-5 中的反馈机制由于多个输入源及多个“分离、共产物”的机制而变得十分复杂。图中 S_2 经由 H 到 B 的能值及 A 经由 C 到 E 再到 B 的反馈能值是与 A 到 B 的能值相互独立的，所以在对图中 B 的输入能值进行计算时要同时体现出此三部分。由 A 到 B：$500j_2$，由 H 到 B：$(100/300)\times 500j_{11}$，A 经由 C 到 E 再到 B 的反馈能值：$(100/300)\times(100/300)\times 200j_5$。

此外，输入 E 的总能值为 $200j_5+500j_2+(100/300)j_{11}$，而不是 $400j_4+200j_5$，这是由于 $400j_4$ 中包含了输入 B 的全部能值，这其中实际上也包含了由 E 经由 H 反馈至 B 的能值，这部分能值与 200j5 产生了重叠（反馈的能值已经包含了由 C 经由 E 到 H 再到 B 过程中的能值），所以在计算过程中，不能将 $400j_4$ 全部加入。相同的，输入 H 的总能值为 $500j_{11}+(100/300)200j_5+(100/300)500j_2$，而不是 $500j_{11}+100j_7$，这是由于 $100j_7$ 中包含了由 S_2 经由 H 与 B 到 E 的这部分能值，即 $(100/300)\times(100/300)\times 200j_5$。

通过以上分析，最终列出系统在稳定状态下的平衡方程。计算得出转换系数的向量为：$j=[1.00, 1.25, 2.75, 2.06, 1.50, 3.30, 3.64, 4.40, 4.85, 2.69, 1.00]^T$。未经预先分析所得转换系数向量的计算结果为：$j=[1.00, 1.25, 3.09, 2.32, 1.50, 3.71, 4.09, 4.95, 6.70, 3.03, 1.00]^T$。在 11 个转换系数的结果数值中，有 7 项是不同的，误差的范围从 12% 到 38%。通过对这 3 个机制的具体分析，我们可以得出每条路径的转换系数。而一般情况下，为方便起见，计算时通常直接对能量流动系统进行矩阵的构建，不考虑过程中的反馈等机制，不考虑这些内部关系，仅通过表面分析同样可以计算得出各路径的转换系数。对比经过能值流程图预先分析的计算结果及未经流程图分析的结果，研究发现，误差的范围从 12% 到 38%。这个结果清楚的表明，在对系统，尤其是较为复杂的系统进行分析时，将“分离、反馈、共产物”的机制充分考虑对精确计算能值转换率是十分必要的，未对这三个机制进行精确分析会导致能值的运算法则并没有在式中体现，所以在分析和计算中会产生重复性计算，而精确的计算系统的转换系数也是避免评估过程中产生重复性计算的关键。此外在网络矩阵模型的构建与预先分析过程中，还可以有效识别提高湿地生态系统服务传递效益的政策作用点，可促进对受益人有益的服务流，抑制对受益人有害的服务流，最大限度发挥湿地生态系统服务的价值。本方法以湿地生态系统服务的定义为基础，从“受益人”的角度识别湿地生态系统服务，合理绘制、量化湿地生态系统服务的传递流程，继而与能值分析法相结合对湿地生态服务的价值进行评估。

对于重复性计算问题，未来应从以下几方面进行深入的研究：

（1）如何准确地制定湿地生态系统服务的分类系统是目前研究的重点。虽然有部分学者认为分类体系中的支持服务价值不应被计算在最终结果中，但目前对于分类的体系大都仍是以 MA（2005）的四大分类体系作为基础。分类时，应在明确湿地生态系统与人类之间的关系以及湿地生态系统服务内部各服务之间关系的基础上制定分类体系，在源头上保证评估结果的精度。

（2）采用遥感技术对湿地生态系统服务的价值进行评估，通过卫星及遥感数据的定位，对湿地生态系统的变化动态进行研究。此外，在价值评估的过程中，应重视数学模型的引进，模型的方法对于湿地生态系统服务发展变化性的预测以及空间变化的权衡具有一定的优势（Villa et al.，2010）。在今后研究中应进一步完善模型在湿地生态系统服务评估中的应用，使评估的结果更为精确，为管理者提供规划发展的依据。

第 六 章

滨海湿地生态系统服务评价的区域性尺度转换技术

崔丽娟 摄

第一节　湿地生态系统服务评价尺度转换研究概况

一、尺度转换的概念及基本特征

尺度转换（scaling transform）是将数据或信息从一个尺度转换到另一个尺度的过程，是指跨越不同尺度的辨识、推断或推绎。不同尺度上生态实体与过程的性质受约于相应的尺度，每一尺度上都有其约束体系和临界值。大量研究证实，湿地价值评价中湿地格局与过程及其时空特征均是与尺度相依相存的（刘红玉等，2008；郝敬锋等，2010；于文颖等，2014；张东菊等，2015），随着研究工作的不断深入，尺度问题在湿地的研究中越来越展示其重要性，尺度转换是实现数据同化、形成统一协调数据模型和知识的关键。湿地价值评价中的尺度转换是指通过一个已经有的、与被估算湿地生态系统相似的更大地理范围或更小范围的另一湿地生态系统的价值来估算该湿地生态系统价值量的过程。

尺度转换分为尺度上推（scaling-up）和尺度下推（scaling-down），尺度上推是指运用已有的生态系统评价结果求算更大地理尺度上生态系统服务功能价值结果的过程（李双成和蔡云龙，2005；张娜，2007；韩鹏和龚健雅，2008；张翼然，2014），也就是通过对局部单个生态系统的价值评价结果进行转换，从而得出更大地理区域（如国家或者区域）的多个生态系统价值；反之，则为尺度下推。对一个生态系统进行价值转换是较为复杂的过程，而尺度上推则有着更为复杂的步骤以及更高的难度。

在湿地生态系统服务价值评价研究中，尺度上推是预测和理解湿地生态系统格局和过程的关键，因此也是湿地价值评价中理论和应用的核心。首先，无论什么时候，如果需要从某个尺度的湿地信息预测另一个尺度的信息，尺度转换就无法避免。其次，尺度转换可以帮助理解多尺度上的湿地生态信息现象及它们之间的等级关系。尽管湿地生态学家已经敏锐地意识到湿地生态系统价值评价的尺度转换和尺度效应问题的重要性，但针对湿地生态系统中的空间异质性和非线性的特征，一般使用的尺度转换方法也显得相对不够完善。

目前在湿地生态系统服务价值评价中，研究格局主要表现为以下两个方面：①通过比较不同类型湿地生态系统的研究及所占比例，在前人研究的基础上对某种类型湿地生态系统开展尺度拓展等综合研究，进而探索新的研究途径；②通过了解不同空间尺度上湿地生态系统服务价值评价研究的类型分布，分析湿地生态系统服务评价研究领域较成熟和欠发达的类型。基于上面两个视角，有助于更好地把握我国湿地生态系统服务评价研究领域的未来发展方向。

二、尺度分析和尺度的分类

尺度分析在湿地生态学理论和实践中都是相当重要的。要想准确预测自然干扰和人为因素等对湿地生态系统的影响，首先必须了解和评价格局与过程随尺度的变化。其主要面临两方面的问题，即怎样进行尺度选择和空间尺度的分类。这两方面的问题紧密联系、相辅相成。

尺度分析中涉及粒度（grain）、幅度（extent）和范围（scope）3个重要概念。粒度为研究范围内最小的空间或时间单位；幅度为研究区域的大小或需要考虑的时程长度；范围通常是幅度与粒度之比，其结果为无量纲化数据。按照同质性原理，同一方程的各项应该具有相同的范围。

1. 尺度选择

尺度选择关系到尺度研究中的试验设计和信息收集，是研究的起点和基础。尺度选择的不同，可能会导致对湿地格局和过程及其相互作用规律不同程度的把握，最终会影响到研究成果的科学性和实用性。因此，湿地生态学家一向重视尺度选择。理论上，应该选取能够将湿地生物、非生物和人类过程关联起来的最佳尺度，但是尺度选择却经常按照感知能力或技术的、逻辑的限制来完成。在研究湿地景观格局时，尺度的选择对于减少误差是非常重要的。实际上，尺度的选择受到一系列因素的影响和制约。首先是研究区域的状况，例如研究区域的规模大小、研究目标、任务和时限等；其次是研究对象的性质和复杂程度。在充分考虑这些因素的情况下，尺度选择应该具有层次性，即至少要包括核心尺度、小尺度组分和大尺度背景 3 个层次。这样有助于全面把握研究对象的特征与规律。

2. 尺度分类

尺度层次复杂性是地表自然界等级组织和复杂性的反映，其按照不同的时间范围和空间范围，有不同的分类。Delcourt 提出了宏观生态学研究的 4 个尺度域：①微观尺度域（micro-scale dominion），包括 1～500 年的时间范围和 1～10^6m^2 的空间范围。在这一尺度域内可以研究干扰过程（火干扰、风干扰和砍伐等）、地貌过程（土壤剥蚀、沙丘运动、滑坡崩塌、河流输移等）、生物过程（种群动态、植被演替等）和生境破碎化过程等。②中观尺度域（meso-scale dominion），包括 500～10^4 年的时间范围和 10^6～$10^{10}m^2$ 的空间范围。这一尺度囊括了最近间冰期以来次级支流流域上的事件。③宏观尺度域（macro-scale dominion），包括 10^4～10^6 年的时间范围和 10^{10}～$10^{12}m^2$ 的空间范围。在这一尺度域内发生了冰期 - 间冰期过程以及物种的特化和灭绝。④超级尺度域（mega-scale dominion），包括 10^6～4.6×10^9 年的时间范围和大于 $10^{12}m^2$ 的空间范围，与类似于地壳运动的地质事件相适应。Delcourt 所定义的尺度域是粗线条的，在每一个尺度域内还可以做进一步细化。在近年来的生态学研究中，所涉及的尺度问题多集中于微观和中观尺度域内，有的研究所涉及的尺度更小，在空间上达到了厘米（cm）级以下，时间上达到季、月以下。

湿地价值评价中的尺度转换包括时间和空间范围内的尺度转换，对于空间尺度的划分，不同的研究者划分类型的依据也不一样，Quattrochi（1992）提出了 4 种空间尺度类型，即制图尺度或地图尺度、地理尺度、分辨率和运行尺度；Schulze（2000）则把地学中的尺度分为研究尺度（research scale）或观测尺度（observational scale）、过程尺度（process scale）以及操作尺度（optional scale）；鲁学军等（2004）将空间尺度分为大尺度（面积为几百平方千米以上）、中尺度（几十平方千米到几百平方千米）和基本尺度（几平方千米到几十平方千米）3 个层次；李双成和蔡云龙（2005）将地理学中空间范围的尺度类型归为：全球尺度、区域尺度和地方及以下尺度 3 个类型。

在湿地价值评价中的空间尺度分类体系中，可采用李双成和蔡云龙（2005）的分类体系，分为全球尺度：Costanza 等（1997）年对全球包括湿地在内的生态系统服务价值进行了评价；区域性尺度：包括跨国家、国家、跨省份、省份以及跨城市之间的研究；地方及以下尺度则是更小的尺度。

三、尺度转换的方法

综合国内外研究中用到的湿地价值评价中尺度转换方法（Brookshire et al.，1992；Eade et al.，1996；Fernandes et al.，1999；Eftec，2009；张翼然等，2014），可以归为以下 3 类。

1. 成果参照法

成果参照法主要包括直接成果参照和调整价值参照两部分。分别以 Costanza 成果法和谢高地的研究方法为代表。Costanza 成果法也称为直接单位价值转换法。1997 年 Costanza 在《Nature》上发表的《全球生态系统服务价值和自然资本》一文中得出了 1994 年全球的生态资产的价值，文中以使用价值为评价对象，通过基础的价值转换法将 100 项研究的研究成果进行综合，假设每单位类型的生态系统服务价值不变，从而与相应的面积相乘加总到总价值。这样的方法忽略了系统要素之间和各种服务之间的复杂的相互依存性，得出的只是一个粗略的近似值。文章参考的不同生态系统服务类型价值评价案例中运用的方法有市场价格法、享乐价格法、意愿调查法、重置成本法、旅行费用法等。

2012 年 De Groot 与 Costanza 团队对全球生态系统服务又进行了一次评价。与 1997 年的评价不同，文中细化了对生态系统类型的划分及增加了对案例数据点的参考数量（De Groot et al.，2012）。文中分了 10 个主要的生态系统类型：远洋、珊瑚礁、海岸系统、沿海湿地、内陆湿地、湖泊、热带雨林、温带森林、林地、草地，并依据 TEEB 的划分方法，划分为 22 种生态系统服务类型。参照了 300 多项研究中的 665 个数据点用于分析，数据点的丰富度远高于 1994 年评价时参考的案例数。涉及的方法包括市场价格法、成本重置法、陈述偏好法、解释偏好法、生产率变动法等，与 1997 年案例中的方法大体一致。通过计算每种生态类型中的生态系统服务价值的均值，然后根据生态系统服务的分类加总生态系统服务价值，最终得出每种生态系统服务的价值。但得出的价值与 1997 年评价结果有一定的差距：由于土地利用类型的改变，生态系统服务在 1997～2012 年的损失为 4.3 万亿～20.2 万亿美元 /a。

谢高地方法也被称为调整单位价值法，是在 Costanza 的研究基础上进行的改进（谢高地等，2008）。谢高地团队评价生态系统服务价值方法的核心为制定单位面积价值当量表，首先将 Costanza 制定的全球生态系统单位面积价值表简化为全球生态系统单位面积生态服务价值当量表，方法为以农田粮食生产价值 54 美元 / （$hm^2 \cdot a$）为 1 当量，再将所有不同生态系统单位面积的价值除以 54 美元，得到不同生态系统类型的价值当量。其次参考 Costanza 团队评价的当量表，调查 251 位专家，对中国陆地单位面积生态系统服务价值当量因子表打分，制定出中国的陆地生态系统单位面积价值当量表。

2. 空间分析统计法

空间分析统计的发展为识别湿地价值评价中尺度转换提供了许多方法。基于 RS 和 GIS 技术研究湿地类型变化特征，通过系统采样、变异函数分析（即空间建模）对研究对象和被估计生态系统的各项因子建立函数模型，计算出所求价值量。模型参数包括研究区特征如湿地类型、面积等，还包括湿地所处的地区特征，如社会、经济、人口特征等参数。结合政策地的参量价值信息，使用通过研究地的价值估算方法得到的需求或价值函数对价值进行转换。政策地的价值参量被代入价值函数用于计算反映政策地特征的被转换价值（Neloson and Kennedy，2009）。以对某块湿地文化价值的支付意愿为例，定义价值函数为 $WTP_{ij}=f(G_j, H_i)$，其中 WTP_{ij} 是第 i 户家庭对 j 块湿地的支付意愿，G_j 为 j 湿地的环境特征，H_i 为 i 户家庭的特征，包括经济条件、文化特点等。

空间分析是地理信息系统区别于其他信息系统的一个主要功能特征，其根本目的在于通过对空间数据的深加工或者分析，获取新的信息。从地理学角度来讲，一切事物都有其空间属性、地理属性和特征属性，利用 GIS 空间分析建模把社会经济等人文信息与反映环境特性的地理背景信息进行空间上的叠加，从而为湿地生态系统中的地理空间问题求解提供了新的思路和方法。另外，遥感技术有着观测范围广泛、信息获取量大、实时性好和动态性强等特点，也是地理信息系统中重要的信息获取来源和数据更新手段。

随着“3S”技术的兴起，它们被广泛应用于湿地研究中，如利用“3S”技术进行湿地资源调查、湿地动态监测、湿地景观格局变化研究和湿地生物多样性调查分析、湿地健康状况评价、湿地数据动态更新。美国学者在采用 GIS 技术收集、贮存、分析、合成湿地水文建模所必需的海量数据，运用 GIS 技术对模型精度进行检验（Sarkar et al.，2016）。美国于 20 世纪 90 年代建立了路易斯安那湿地恢复空间决策支持系统（SDSS），主要用于湿地恢复中的淡水转换、沼泽管理、岸线固定等种类项目的评价工作。越南研究者 Saich 等在 2001 年使用多种雷达影像来实时监测国家湿地公园的范围和动态变化。加拿大 Pietroniro 和 Toyra 学者在 2002 年利用多时相、多平台遥感数据监测三角洲湿地水文环境的时空变化，据此来预测湿地生态系统将来的发展状况及湿地将来可能遇到的风险。

目前，应用 GIS 对空间数据和属性数据特有的集成管理与空间分析功能，对湿地生态系统价值评价的开展具有巨大的优势和应用前景，越来越多的学者试图从空间角度出发研究社会经济现象。如陈云浩（2012）及蒋卫国等（2012）利用多源信息集成全面评价了北京市城市湿地价值。在更大区域尺度上开展生态系统服务价值研究方面，欧阳志云等（2004）将中国陆地水生态系统（河流、水库、湖泊、沼泽 4 个类型）结合基础数据，评价了由调蓄洪水、疏通河道、水资源蓄积、土壤持留、净化环境、固定碳、提供生境、休闲娱乐 8 项功能构成的水生态系统间接价值评价指标。此外，国内学者还先后完成了山东省湿地（王瑶，2008）、浙江省滨海湿地（王斌等，2012）和河北省湿地（刘庆博等，2015）等行政区湿地的价值评价，为湿地资源有效管理和区域生态环境保护提供生态学依据。从上文可以看出，运用空间分析统计的方法，从整体、区域的角度对湿地进行综合性研究与评价，是当今湿地研究的发展趋势。

3.Meta 分析价值转换法

Meta 分析（meta-analysis）是综合分析具有同一主题的多个独立研究的统计

学方法，也称总观评述（overview）、数量评论（quantitative review）、数量综合（queuantitative synthesis）等，是一种较高的逻辑形式。Meta 分析将实例研究作为样本，通过多元回归方法来估计湿地价值。基于案例点数据分析各项服务功能的估算方法和单位面积价值量，基于数据库建立 Meta 回归分析模型，并得出更大尺度的湿地生态系统服务功能的价值总量。

使用由多个研究结果估算出来的函数能够结合有关政策地的参数价值量信息，价值函数不是来自于一个单独的研究而是众多研究的集成，这种情况允许价值函数包括地区特征（例如社会经济和自然属性）与研究特征。由于考虑地理位置、社会经济状况和湿地生态系统服务类型等参数指标，Meta 分析提供了一种较为精确的价值转移方法，相对于其他价值转换法产生更低的转移误差，在土地利用资源评价、水资源评价等方面得到越来越多的应用（彭少麟和唐小焱，1998；Shrestha and Loomis，2001；Rosenberger et al.，2006；Eshet et al.，2007；Rosenberger and Johnston，2009；王颖等，2011；Camacho et al.，2013；Halabisky et al.，2016）。Meta 分析能够在对大尺度研究中实现更为准确合理的价值估算结果，根据数据得出价值评价结果。该方法结果的可靠性在很大程度上取决于原始研究的精确程度。Meta 分析从实证的价值评价来确定变异的根源，根据这些结果进行价值转换研究，即使在有很少或者没有研究的地方，对于其在不同尺度上政策和决策的制定也是可行的（Rosenberger and Loomis，2000；Bergstrom and Taylor，2006；Fisher et al.，2011；Khatami et al.，2016）。因此，近年来国内外很多学者对 Meta 分析在湿地价值评价中的研究方法与理论进行不断的探索。

Woodward 等（2001）在研究不同湿地的相对服务价值时，采用 39 个案例研究中的 65 个观察值，得出评价方法和最初的研究精度会影响大尺度的湿地价值评价的结论，其所用到的数据源包括了广泛的价值评价手段如替代成本法、旅行费用法、享乐价格法等，研究中以湿地类型、研究区特征和价值计算方法等为参数进行多变量回归分析。但是，研究中的案例点都是来自北美洲和欧洲的湿地生态系统。Brander 等（2006）采用 80 个案例研究中 215 个观察值。他们的分析采用更广泛的地理范围，包括温带和热带地区，但北美洲湿地案例点仍然占总数的一半。Ghermandi 等（2010）用 Meta 分析的方法在湿地价值评价方面的应用，采用了 418 个案例点，占据最大数量是来自北美的 132 个案例，然而更重要的是来自亚洲的 106 个案例、欧洲的 93 个案例、非洲的 53 个案例、南美的 22 个案例以及因为某些原因不具备典型意义的澳大利亚西亚的 16 个案例，通过分析这些案例点，得出一些社会—经济变量，如居民收入、人口密度等因素对湿地生态系统服务价值评价有很大影响。尽管 Ghermandi 的研究改善了以往评价案例点的地理分布格局，但是相对于评价自然湿地，其案例研究点的分布总体仍是倾向于温带北部和赤道地区。赵玲和王尔大（2011）利用 Meta 分析对中国森林公园、自然保护区、湿地、湖泊等 6 种自然资源类型的生态系统服务功能价值进行了函数效益转移，其在研究中主要搜集中国学者关于自然资源价值评价的 114 个实证研究结果构建效益转移数据库，实现样本外的效益转移，得出转移值与真实值及其均值在统计上没有显著差异，且均服从正态分布的结果，从而验证了 Meta 函数效益转移的效果。Camacho-Valdez 等在 2013 年评价墨西哥西北部滨海湿地生态系统服务价值时，运用遥感技术对滨海湿地类型进行分类，并根据特定的滨海湿地类型、湿地服务和评价方法选用 58 个案例点中的 152 个观察值来建立 Meta 数据库，得出 2003 年墨西哥西北部滨海湿地生态系统服务价值为 1.07 亿美元；张翼然（2014）在计算中国湖沼湿地生态系统服务功能价值估算中，利用 GIS 技术实现国内 80 个湿地价值评价案例点构建数据库，应用 Meta 分析指出社会和经济因素（如收入、人口密度）是对湿地价值评价结构起到重要作用的变量，最后得出全国湖沼湿地面积价值为 21325.4×10^{8} 元 /a。徐贤君（2015）在计算昆明滇池湿地生态系统服务价值中，搜集了国内 43 篇相关的案例研究，运用 Meta 分析的函数转移方法，对滇池湖滨湿地的旅游价值进行评价，得出每人每年的最大支付意愿是 155.25 元。Chaikumbung 等在 2015 年为了全面评价分析发展中国家湿地价值时，搜集了跨越亚洲、非洲、拉丁美洲和太平洋岛屿等的发展中国家的 379 个独立湿地案例研究中 1432 个观察值，识别影响湿地价值评价的因素，使用 Meta 分析构建一个尺度转换的函数，得出湿地规模大小和湿地价值呈负相关关系，城市 GDP 和湿地价值呈正相关关系，湿地的水质净化和生物多样性的价值比休闲旅游价值要高等相关结论。

四、尺度转换研究中存在的问题

通过对国内外湿地价值评价尺度转换的综述，可以看出，尺度转换的技术和方法运用也存在一些问题。

1. 直接应用成果参照法计算湿地价值

尺度转换研究的复杂性和困难性是许多生态学家、地学家们的共识（邬建国，2000；Schulze，2000；Bugmann et al.，2000；李双成和蔡运龙，2005；胡云锋等，2013；张翼然，2014）。很多学者直接应用未改进的 Costanza 生态系统类型单位面积价值或者直接参考谢高地改进的价值量来计算总价值，这样的计算方法，忽略了湿地的空间异质性，对不同生态单元、不同地理单元的湿地价值评价进行尺度上推缺乏一定的理论根据。

2. 尺度转换研究中的原始数据精度问题

湿地价值尺度转换研究中，特别是函数模型转换的方法中，对原始数据精度要求较高。原始数据质量越高，其模型转换后的评价结果也就越为准确。但如果缺乏足够的原始评价过程资料，那么转换后的结果必然存在一定的不确定性。另外，要求原始研究和尺度转换的湿地生态系统相似度很高，如在地理环境、人口特征、经济指数等方面的特征类似，那么评价结果的精度也是较高，否则就需要根据实际情况进行调整，否则将会难以避免产生误差。

3. 尺度转换研究中的模型参数问题

在对湿地生态系统服务价值评价过程中，采用了很多重要的参数，这些参数或是根据我国当时的社会经济状况进行的科学估量，或是国外学者基于本国当时情况确定的。随着全球经济的繁荣尤其是我国经济飞速发展，各种参数的价格都发生了很大的变化，因此在使用这些参数的时候需要结合当时当地的实际情况。

湿地生态系统是一个复杂的过程，受到的影响因子较多，而大部分学者在生态因子层面调整的较多，少有研究从社会经济层面调整。在选择影响因子要素的时候，一般需要对相关要素做系统分析，以免因遗漏某些因素而导致转换研究的失败。而根据这些因素所构建的数学表达式既应当反映大尺度上的现象和过程，又要与小尺度范围内的问题保持一致，并体现出尺度转换的特征。对于通过模型模拟最后得出的结果，还需要进行其不确定性或误差的分析来验证方法的合理性。

第二节 滨海湿地生态系统服务评价的区域性尺度转换方法

目前，对典型滨海湿地案例的生态系统服务功能价值评价的研究相对比较成熟（崔丽娟，2002，2004；段晓男等，2005；李丽锋等，2013），在区域尺度（省域、流域）也有一定的研究，但是其方法不够系统，还是沿用研究典型案例的方法，很少纳入影响生态系统服务功能的社会、经济因素或构建较完善的空间模型进行转换，这就使得在大尺度湿地生态系统服务价值评价研究中有很多不确定性，误差较大，结果不够信服。而且现有的尺度转换方法——Meta 分析研究识别了很多影响湿地价值的影响因素，但是在中国滨海湿地研究方面还是空白。因此，针对滨海湿地生态系统服务评价的尺度转换，我们根据 MA 生态系统服务分类体系并考虑去重复的问题，构建滨海湿地生态系统服务价值评价的尺度转换技术，即目前在湿地生态系统服务大尺度评价中较为成熟的 Meta 分析法；另一种方法为在时空尺度中广泛应用的小波变换法，最终核算出辽宁省滨海湿地的生态系统服务总价值，揭示滨海湿地生态系统服务功能的尺度效应特征。此研究结果可为今后湿地生态系统服务价值评价技术的完善、湿地生态补偿制度的实施、全国湿地保护工程规划的实施、绿色 GDP 的核算及《湿地公约》履约等工作提供科技支撑。

一、整合分析函数法——Meta 分析

Meta 分析方法分为 3 个步骤：第一步，筛选初始研究资料（包括已发表和未发表

的研究）形成 Meta 研究的数据库，其中也包括已有研究案例点所处地的空间地理信息、经济和环境变量特点数据。第二步，运用统计分析软件进行分析，建立 Meta 回归模型函数，得出影响滨海湿地的湿地特点、环境特点和评价技术等变量的系数及常数项。第三步，调整 Meta 模型，主要是通过研究区域的典型滨海湿地案例点的数据来对模型进行验证，使其适用于滨海湿地生态系统价值评价，来计算研究区域滨海湿地总价值。具体步骤如图 6-1 所示：

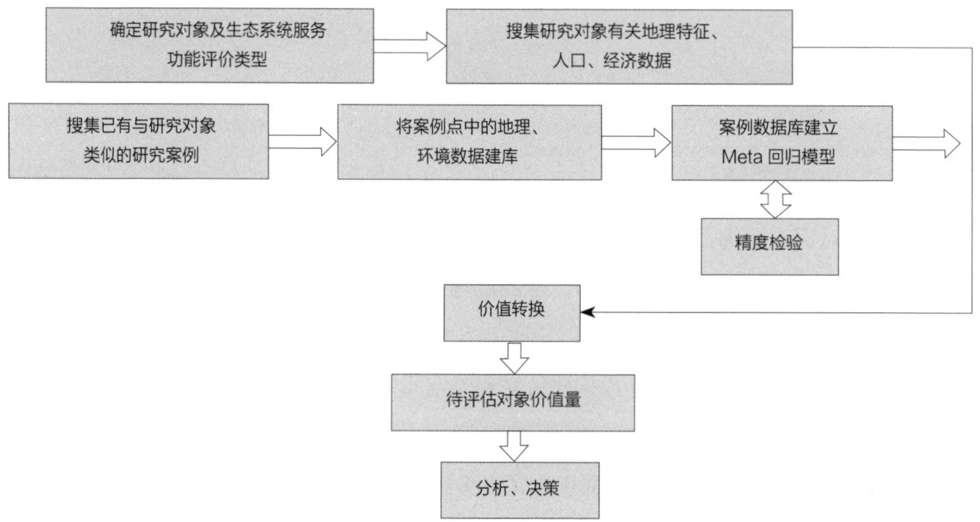

图 6-1　基于 Meta 分析进行湿地价值转换的步骤

在 Meta 回归模型中，所考虑的变量包括湿地类型、湿地生态系统服务、评价方法、评价年份、地理信息、湿地所在地的人口、城市人均 GDP 以及湿地所在城市的人口密度。回归模型如下：

$$\ln V_{ij}=\beta_0+\beta_w X_{wij}+\beta_m X_{mij}+\beta_c X_{cij}+U_{ij} \tag{6-1}$$

式中，i 和 j——第 j 个研究中的第 i 个观察值；

V_{ij}——第 j 个研究中的第 i 个生态系统服务的价值［美元 /($hm^2 \cdot a$)］，研究中将所有价值标准化到基准年的价值；

β_0——常数项，β_w、β_m、β_c 分别为对应变量的系数项。参考现有 Meta 分析在湿地生态系统价值评价中的研究（Brander et al.，2012；

Zhang，2014)，价值变量 V_{ij} 作对数变换的形式应用于 Meta 回归模型中；

X_w—— 湿地特点，包括湿地规模大小、湿地类型等；

X_m—— 评价技术，包括数据库中的研究是否是发表状态、评价年份等；

X_c—— 湿地所处地理环境、经济—社会特点，包括当地的人均 GDP，是否属于拉姆萨尔湿地（即湿地的保护力度)，湿地所处的纬度，当地的人口密度和湿地与城市中心的距离。

研究中，我们使用最小二乘法（weighted least squares，简称 WLS）来计算系数项 β_w、β_m、β_c，并把方差的倒数作为权重（Van et al.，2002；Chaikumbung et al.，2015)。以最小二乘平方求算 β_0、β_w、β_m、β_c，使误差平方和为最小。以单个因子 β_W 简单回归为例，最小二乘法就是使得回归线 $\bar{Y}=\beta_0+\beta_W x$ 能够更为接近总体 Y。设定残差用 e 表示，那么其公式为：

$$\Sigma e^2=\Sigma (y-\bar{y})^2=SSE \tag{6-2}$$

利用这一公式来计算 β_0 以及 β_W，计算公式如下：

$$SSE=\Sigma_{i=1}^{n}(y_i-\bar{y}_i)^2=\Sigma_{i=1}^{n}(y_i-\beta_0+\beta_w x) \tag{6-3}$$

求 β_0，β_w 使 SEE 为最小，以微分法对 β_0，β_w 微分，并令其为 0：

$$\begin{cases} \dfrac{\partial \mathrm{SSE}}{\partial \beta_0}=0 \\ \dfrac{\partial \mathrm{SSE}}{\partial \beta_w}=0 \end{cases} \Rightarrow \begin{cases} \Sigma y=n\beta_w+\beta_w \Sigma x \\ \Sigma xy=\beta_0 \Sigma x+\beta_w \Sigma x^2 \end{cases} \tag{6-4}$$

对方程求解则可得到：

$$\beta_w=\frac{\Sigma (x_i-\bar{x})(y_i-\bar{y})}{\Sigma (x_i-\bar{x})^2}=\frac{\Sigma xy-n\bar{x}\bar{y}}{\Sigma x^2-n\bar{x}^2} \tag{6-5}$$

$$\beta_0=\bar{y}-\beta_w\bar{x} \tag{6-6}$$

其他参数的计算方法以此类推。本研究中，根据 BOX—COX 检验，LOG—LOG 的函数格式更适合来分析本研究的数据。Meta 模型中的变量采用逐步移除的方法来得到最终的变量。

然后，我们根据公式（6-7）计算出每一种类型滨海湿地生态系统服务的价值：

$$\mathrm{V}(ES_k)=\Sigma_{l=1}^{n}\mathrm{A}(LU_k)\times \mathrm{V}(ES_{ik}) \tag{6-7}$$

式中，V（ES_k）——第 k 种滨海湿地类型生态系统服务价值（美元 /a）；

A（LU_k）——第 k 种滨海湿地类型生态系统服务面积（hm^2）；

V（ES_{ik}）——第 k 种滨海湿地类型中的第 i 种生态系统服务的单位面积价值［美元 /($hm^2 \cdot a$)］。

进而，根据公式（6-8），我们可以计算出 2013 年辽宁省滨海湿地生态系统服务的总价值：

$$V_T = \sum_{k=1}^{n} V(ES_k) \tag{6-8}$$

Meta 分析模型中自变量湿地特点 X_w、自变量评估技术 X_m、自变量湿地环境特点 X_c 的描述如表 6-1 至表 6-3 所示。

表 6-1　自变量湿地特点 X_w 的描述

变量名字	变量描述	
湿地特点 X_w		
湿地规模	湿地面积的大小	湿地面积用对数形式表示
滨海湿地类型	浅海水域	BD=1：即浅海水域的研究
	岩石海岸	BD=1：即岩石海岸的研究
	沙石海滩	BD=1：即沙石海滩的研究
	淤泥质海滩	BD=1：即淤泥质海滩的研究
滨海湿地类型	潮间盐水沼泽	BD=1：即潮间盐水沼泽的研究
	河口水域	BD=1：即河口水域的研究
	河口三角洲 / 沙洲 / 沙岛	BD=1：即河口三角洲 / 沙洲 / 沙岛的研究
	海岸性咸水湖	BD=1：即海岸性咸水湖的研究
	海岸性淡水湖	BD=1：即海岸性淡水湖的研究

（续）

变量名字		变量描述
湿地生态系统服务	物质生产	有此项功能时 BD=1，没有 BD=0
	防洪蓄水	有此项功能时 BD=1，没有 BD=0
	涵养水源	有此项功能时 BD=1，没有 BD=0
	气候调节	有此项功能时 BD=1，没有 BD=0
	固碳	有此项功能时 BD=1，没有 BD=0
	促淤造陆	有此项功能时 BD=1，没有 BD=0
	消浪护岸	有此项功能时 BD=1，没有 BD=0
	大气组分调节	有此项功能时 BD=1，没有 BD=0
	生物多样性维持	有此项功能时 BD=1，没有 BD=0
	保持土壤	有此项功能时 BD=1，没有 BD=0
	营养循环	有此项功能时 BD=1，没有 BD=0
	净初级生产力	有此项功能时 BD=1，没有 BD=0
	补充地下水	有此项功能时 BD=1，没有 BD=0
	休闲旅游	有此项功能时 BD=1，没有 BD=0

注：BD 代表二元变量，根据变量赋值 0 或 1。

表 6-2　自变量评价技术 X_m 的描述

变量名字		变量描述
评价技术 X_m		
评价方法	市场价值法	BD=1：研究中应用市场价值法
	代替成本法	BD=1：研究中应用代替成本法
	意愿调查法	BD=1：研究中应用意愿调查法
	影子工程法	BD=1：研究中应用影子工程法
	旅游花费法	BD=1：研究中应用旅游花费法
	净要素收入和生产函数	BD=1：研究中应用净要素收入和生产函数
	碳税法	BD=1：研究中应用碳税法
	专家评估法	BD=1：研究中应用专家评估法
	模拟市场法	BD=1：研究中应用模拟市场法
发布状态	已出版文章	BD=1：文章已发表
	影响因素	期刊 5 年内的影响因子
	每年的调查	BD=1：当年是否调查
	主题	BD=1：研究论文

注：BD 代表二元变量，根据变量赋值 0 或 1。

表 6-3　自变量湿地环境特点 X_c 的描述

变量名字		变量描述
湿地环境特点 X_c	每个城市 GDP	人均国内生产总值的对数形式
	拉姆萨尔湿地	BD=1：湿地公约中的国际重要湿地
湿地环境特点 X_c	保护力度	BD=1：受保护范围的湿地，如国家级湿地
	城市湿地	BD=1：湿地在城市市区
	人口密度	BD=1：人口密度的对数形式
	纬度	纬度的值

注：BD 代表二元变量，根据变量赋值 0 或 1。

二、基于小波变换模型的空间分析统计

小波变换（wavelet transform，简称 WT）是目前多空间尺度、多时间尺度系列数据处理中应用广泛且比较精确的方法（Cazelles and Stenseth，2008；Hsu and Li，2010；Araghi et al.，2015；Bakhtadze and Sakrutina，2016；Pour，2016；Funashima，2017），其理论和传统的短时傅里叶变换（short time fourier transform，简称 STFT）相似。小波变换基于一个可变化的窗口函数，即母小波（mother wavelet），这个函数随着尺度因子和位移因子的变化而变化。鉴于这一特点，我们可以分析滨海湿地价值评价过程中的价值随着尺度和距离而变化的效应和趋势。并且，近年来小波变换也被广泛应用于生态环境研究中（Furlanetto et al.，2006；Ming et al.，2010；李小梅等，2010；Krause et al.，2011；Mount et al.，2013；Wenigera et al.，2016）。在小波变换过程中，随着对不同空间尺度母小波函数的处理，也产生了代表空间尺度和母小波相似性的任何尺度的小波系数。小波变换主要分为两种类型：连续小波和离散小波变换。如果研究区域的数据量不是很大，在不同尺度因子的小波系数具有较高的相关性，可采用 Torrence 在 1998 年推广使用的连续小波变换，反之则采用离散小波变换。连续小波变换模型在 Kumar and Foufoula-Georgiou（1997），Biswas and Si（2011）和 Mount 等（2013）的研究中得到了广泛使用。

小波变换是指通过“小波（wavelet）”与待分析函数“相乘”（内积），以达到分解原函数的目的。小波变换的含义是：把某一被称为基本小波（也称为母小波，mother wavelet）的函数Ψ（x）位移τ后，再在不同空间尺度s下与待分析函数f（x）作内积，其中f（x）为不同尺度下样点湿地的生态系统服务价值，具体小波变换模型公式如下：

$$\Psi_{(s,\ \tau)}(x) = \frac{1}{\sqrt{s}}\Psi\left(\frac{x-\tau}{s}\right) \tag{6-9}$$

$$W(s,\ \tau) = \frac{1}{\sqrt{s}}\int_{-\infty}^{+\infty} f(x)\ \Psi\left(\frac{x-\tau}{s}\right)\mathrm{dx} \quad s>0 \tag{6-10}$$

公式（6-9）和公式（6-10）中，s为不同空间尺度因子，τ为平移因子，即空间距离，W为小波系数。这里Ψ（x）为一平方可积函数，即Ψ（x）$\in L^2$（R），经过基本小波与待分析函数作内积之后，可分解得到不同尺度下的小波系数。通俗地讲，应用数学中的所谓变换（transform）就是通过一定的方式对待分析函数进行分解和组合的过程，这一过程就是小波变换。

具体案例研究中，在Matlab2015b中采用Morlet连续小波函数为母函数，对选取的小尺度采样点的滨海湿地价值代入并进行尺度外推。然后通过在Matlab中的编程：shibu = real（coefs）；mo = abs（coefs）；mofang =（mo）.^2；fangcha = sum（abs（coefs）.^2，2），来计算小波系数的实部、模值、模方值和小波方差。然后，将Matlab 2015b中的数据整理转化成Surfer8.0识别的克里格网格方法，在软件Surfer8.0中完成各部分等值线图的绘制。上述这些参数能够反映滨海湿地价值评价尺度转换过程中的尺度效应，小波系数的实部等值线能反映滨海湿地价值评价的空间尺度变化规律以及在空间域中的分布，进而能判断在不同空间尺度上，滨海湿地价值评价更大尺度的变化趋势；小波系数的模值、模方值的等值线图能反映滨海湿地价值演变过程中的强烈程度，模值越大代表变化越强烈，可以看出其发生变化强烈的范围；小波系数的方差能反映滨海湿地价值演变过程中价值随着空间尺度的分布情况，每一个峰值代表尺度演变过程中的特征尺度，即价值演变发生最明显的空间尺度。最后，我们根据小波聚类效应来进行尺度上推，得出研究区域滨海湿地生态系统服务的总价值。

小波变换模型以及小波聚类分析能够帮助我们解释多尺度且没有规律的空间序

列数据，能够反映出很多不能看到的空间规律（Mount et al.，2013；Pour，2016，Yusaf et al.，2016）。小波变换模型是目前分析空间数据较多并且应用较广泛的一种方法，在环境科学中也得到了很多广泛的应用（Fabec and Ólafsson，2003；Biswas and Si，2011；Goh et al.，2013；Funashima，2017），能将空间尺度局部化，使大尺度湿地局部化，使得小波系数空间的局部性守恒；小波变换模型能够提供一种由粗及细的多尺度分辨率和旋转方向的任意性，这一特性使得我们在提取带有方向性的湿地特征时显得十分有用（Chen，2010；Jiang et al.，2010；Goh et al.，2013）。数据的聚类分析是指根据某些特定的分类依据将所有的原始数据变成有意义的一些集合，研究中采用小波聚类分析的方法来对空间数据进行聚集和分类。小波聚类分析主要受原始数据的精度的影响，受其他因素影响较小，将原始的空间数据划分为不同的空间集合，便于我们了解这些数据所存在的内部空间关联。

第 七 章

滨 海 湿 地 生态系统服务 价 值 评 价

康晓明 摄

第一节　基于网络矩阵模型的辽宁双台河口湿地生态系统服务重复性计算剔除

一、辽宁双台河口湿地概况

辽宁双台河口湿地位于渤海的北部，在辽河的入海口处，湿地总面积约 315.04 km^2。研究区位于辽宁双台河口国家级自然保护区，地处我国辽宁省辽东湾北部，距盘锦市区 35km，有 118 km 长的海岸线，属海岸湿地和内陆三角洲湿地复合生态系统，包括芦苇沼泽、滩涂、浅海海域、河流、水库和水稻田 6 种湿地生态类型。区内地势低洼平坦，陆地海拔最高 7.5m，由于淡水和咸水的相互侵淹、混合，使该区植被具有喜湿耐盐植物多、植物种类少、草本植物多、木本植物少、优势种群密度大、生物量高的特点。双台河口湿地属滨海湿地和内陆湿地，位于中纬度地带，春季回暖快，降水少，空气干燥；夏季气候湿热，降水集中；秋季天高气爽，多晴朗天气；冬季寒冷干燥，降水量少。研究区四季分明，属暖温带大陆性半湿润半干旱季风气候，年平均气温为 8.4℃，年平均降水量为 623.2mm，年平均蒸发量为 1568.6mm。主导风向夏季为南风、冬季为北风。

辽宁双台河口自然保护区是世界上保护较为完好的滨海沼泽湿地，地貌类型以冲积平原和潮滩为主，拥有大量的植物资源以及国家级珍稀物种，并拥有大面积的芦苇资源，其资源拥有量在世界范围内名列前茅，丰富的物种为当地居民和游客提供了大量的物质资源供给。主要植被有芦苇（*Phragmites australis*）、蒲草（*Typha angustifolia*）、翅碱蓬（*Suaeda salsa*）、柽柳（*Tamarix chinensis*）等。在滩涂生长的翅碱蓬单一群落，生长季节一片赤红，成为广阔的“红地毯”，是我国沿海少有的自然景观。在海岸线以上陆缘带生长有灰绿碱蓬、柽柳为主的盐生植被，并有翅碱蓬混生红绿相间，甚为可观。陆上沼泽环境是芦苇居绝对优势的耐盐植物群落，是世界上面积较大的芦苇沼泽湿地。这种由低到高红绿分明的带状植物分布规律是我国沿海少见的，具有极高的观赏价值和重要的科研价值。而且，该湿地栖息着丹顶鹤、黑嘴鸥等珍稀鸟类 200 多种，在世界生物多样性保护中占有重要地位。

二、辽宁双台河口湿地生态系统服务网络矩阵模型验证

双台河口湿地整体生态系统服务中，物质生产服务所占比重较大，排序也相对靠前。在对物质生产服务价值进行评价时，游客所购买的一部分物质的价值也被计算在物质生产的价值当中，但实际上这部分价值也同时体现在休闲旅游服务价值中，由此导致评价结果偏大，采用常规的方法很难规避。而在以往研究中学者们对这部分重复性计算如何剔除也无较好方法。本研究采用第五章节所述的网络矩阵模型对双台河口湿地生态系统物质生产价值进行评价，对评价过程中所产生的重复性计算量进行分析，对所构建的网络矩阵模型进行验证。

根据实地调查所搜集的数据可知，双台河口湿地水产品以河蟹生产为主，是当地水产品经济收入的主要来源，而植物资源价值则包括农田、芦苇等。通过对双台河口湿地生态系统物质生产服务的分析，以服务的“受益人”为基础，据前文所得到的双台河口湿地生态系统各服务所占权重，识别双台河口湿地生态系统物质生产服务的“参与者”，构建双台河口湿地生态系统物质生产服务的网络矩阵模型图，如图 7-1 所示。由于每年输入生态系统的总能源通常较大，在对每条路径进行勾绘时就显得过于繁琐，构建时为使网络矩阵模型更加简洁有效，对每条传递路径所包含的能量系数进行处理。根据双台河口实际情况，将每条路径的能量系数同时减少 10^{15} 个数量级，减少的数量级须在最后计算时重新计入总价值。将每条路径的转换系数与各参与者所携带能量相乘，得出每条路径所携带能值，将路径前后相连，最终构建出双台河口湿地生态系统服务网络矩阵模型的网络结构。图中生态系统服务各“参与者”所携带的能值均可通过实际调查得到，图中 $J_1 \sim J_{10}$ 为网络矩阵模型中每条传递路径的转换系数。在对所构建的网络矩阵流程图进行分析时，要时刻关注“分离、反馈、共产物”这 3 个基本机制以及网络矩阵模型的基本运算法则对它们的影响。

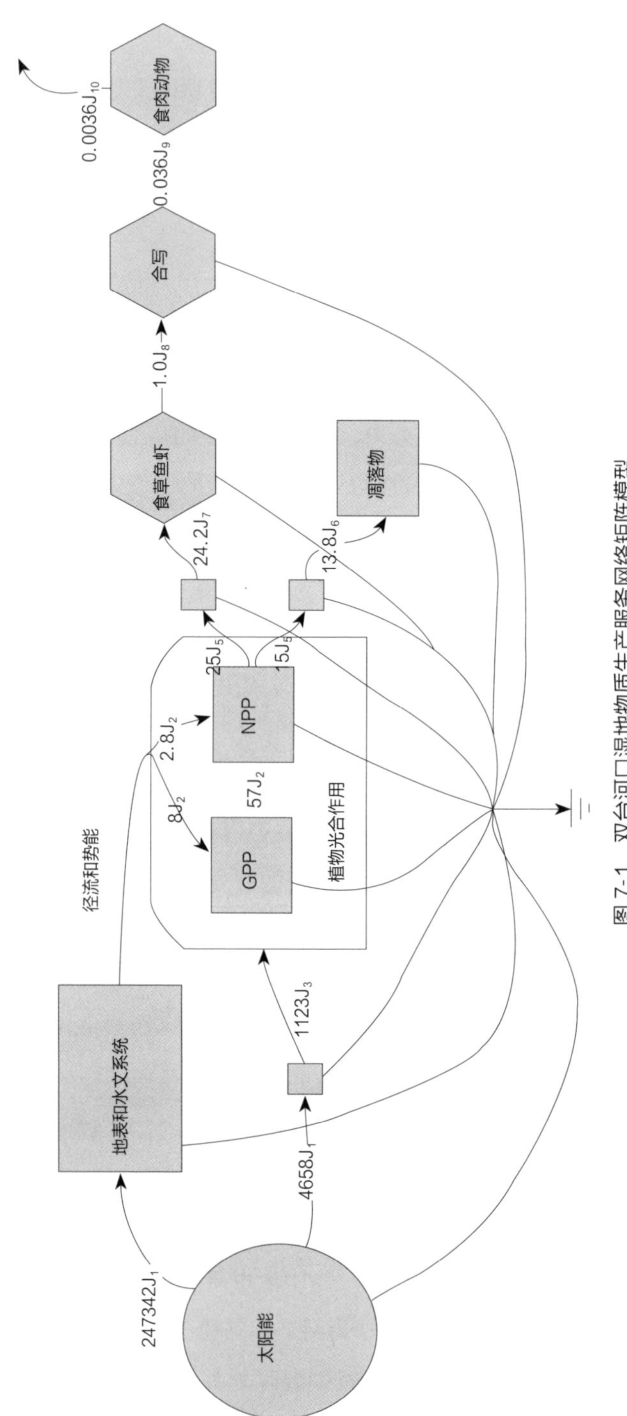

图 7-1　双台河口湿地物质生产服务网络矩阵模型

据图 7-1 可知，双台河口湿地物质生产服务所涉及的主要为分离机制。分离机制将能值流按能量的分支进行分割，因此每个分离所产生的路径都拥有相同的转换系数。尽管转换系数相同，但分离的路径仍然是相互独立的，在由地表和水文系统流向 GPP 与 NPP 的过程中，能值路径发生了分离作用，而整个系统中的重复性计算正来源于系统中的分离过程。

由太阳能传递至地表及水体中的能值只有一部分以势能的形式传入 GPP。如果将由太阳能传递至地表及水体中的能值全部计算，则会使最终的结果偏大，即产生重复性计算，而通过能值理论可知，整个能值系统是一个流动的系统，需将其看作一个整体来考虑，这部分重复性计算虽然只是产生于流程中的一个步骤，却影响了之后的物质生产服务的计算结果。

通过预先分析可得到双台河口湿地生态系统物质生产服务中每个生态系统“参与者”所携带的能值价值，最终得出双台河口湿地 2012 年物质生产服务的总能值为 34.54×10^{19}sej/a。在网络矩阵模型中，影响双台河口湿地生态系统物质生产服务价值重复性计算的路径为模型方框中的 3 条路径，通过对网络矩阵模型的预先分析可知，评价过程中产生的重复性计算量用转换系数表达式为：$247342J_1-(8J_2+1124J_3)$，最终得出重复性计算的结果为 5.95×1019sej/a，重复性计算剔除率达到 15%。上述结果表明所构建的网络矩阵模型可以有效剔除价值评价过程中产生的重复性计算。

三、辽宁双台河口湿地生态系统服务评价及重复性计算剔除

根据网络矩阵模型的概念框架图（图 7-2），对双台河口湿地生态系统服务网络矩阵模型进行识别和构建。双台河口湿地中，天然湿地所占比例非常高，由此可知双台河口湿地生态系统服务的变化对当地社会经济环境发展有重要影响。芦苇田是双台河口湿地生态系统的重要组成部分，其土地利用类型所占面积也占总湿地面积的 26.79%。但由于湿地内部拥有大量油田，导致大面积芦苇田被油田入侵。2012 年，被油田入侵的芦苇田面积占总芦苇面积的 59.65%，很大程度上影响了其生态系统服务的价值。将各类型生态系统服务参与者所占权重带入构建的网络矩阵模型结构中，

能源输入
$207500J_1$
植物
地表水文系统
植物
水型鱼虾
食物过滤
$41.5J_2$
$15.8J_4$
共产物
$10.96J_3$
碎石及沉积物
$8.2J_5$
$0.64J_5$
$7.3J_6$
微生物
$1.21J_6$
分离
$1.21J_5$
反馈
$4.24J_7$
底栖生物
$0.66J_7$
食碎屑动物
$0.68J_8$
$0.17J_9$
食肉动物
$0.05J_{10}$
$10.44J_3$
$0.51J_3$
$6.2J_5$

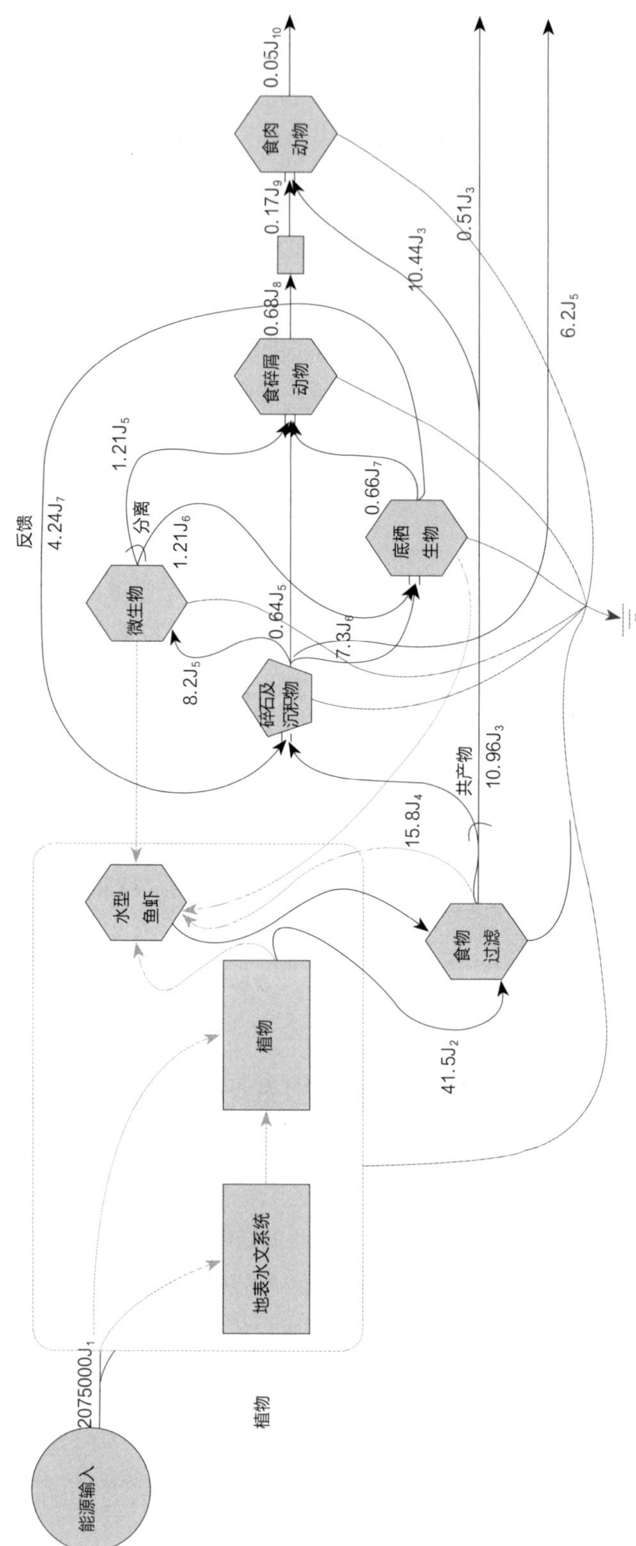

图 7-2 能值系统流程

并与野外调查及数据收集结果相结合，确定模型中每个参与者携带能量。模型中每条传递路径均有一个与其对应的转换系数，以 $J_1 \sim J_{10}$ 代表。将每条路径的转换系数与各参与者所携带能量相乘，得出每条路径所携带能值，将路径前后相连，最终构建出双台河口湿地生态系统服务网络矩阵模型的网络结构。

在构建网络矩阵模型时可以发现，“共产物”机制与“反馈”机制是成对出现的，即在“共产物”机制出现的同时，还伴随着“反馈”机制。由前文可知，这两种机制是滨海湿地生态系统服务价值评价过程中产生重复性计算的关键机制，故在对这两种机制进行分析时要格外小心，准确识别 3 种机制相互关系是模型校准和优化的重要步骤。

（1）共产物机制产生的重复性计算。对图 7-2 各生态系统过程进行识别发现，J3 和 J4 路径为共产物路径，根据能值代数的运算法则，当它们在食肉动物处汇合重组时，只有大的那一部分能值流，即从食物过滤及食碎屑动物两部分输入食肉动物的能值只有 $0.17 \times J_9$ 应该被计算在内，而不是 $0.17 \times J_9 + 10.44 \times J_3$，如果将 $10.44 \times J_3$ 能值计算，则会使整个系统的能值计算结果偏大，导致重复性计算问题的产生。

（2）反馈机制产生的重复性计算。从底栖生物流向食碎屑动物的能值流是一个反馈的机制，由上文分析可知，由于“反馈”机制的存在会使得整个系统的分析过程变得复杂。由图 7-2 可以看出，这条反馈的路径是从食碎屑动物分离出来的，故在计算评价过程中，虽然反馈的路径在碎石及沉积物与其他路径汇合重组，但由于滨海湿地生态系统的动态性，在对能值流程图进行预先分析时，须将整个系统看作一个整体考虑。图 7-2 中，由碎石及沉积物流向底栖生物的这一能值流路径中，实际上已经包含了由底栖生物经过分离再反馈给碎石及沉积物的这一部分能值，如果将其再加入 底栖生物总能值的话，就会使整个系统的能值输入值变大，从而导致重复性计算问题的产生。为了避免重复性计算的产生，这部分能值不计算在整个系统评价的最终结果中。

在预先分析的基础上，根据网络矩阵模型的运算法则，建立网络结构所示系统在稳定状态下的平衡方程，求解系统中的转换系数。如图 7-3 所示为能值流程图的运行步骤。

评价结果显示，剔除重复性计算后的双台河口湿地生态系统总价值为 595.51 亿元，重复性计算量为 99.97 亿元（图 7-4）。

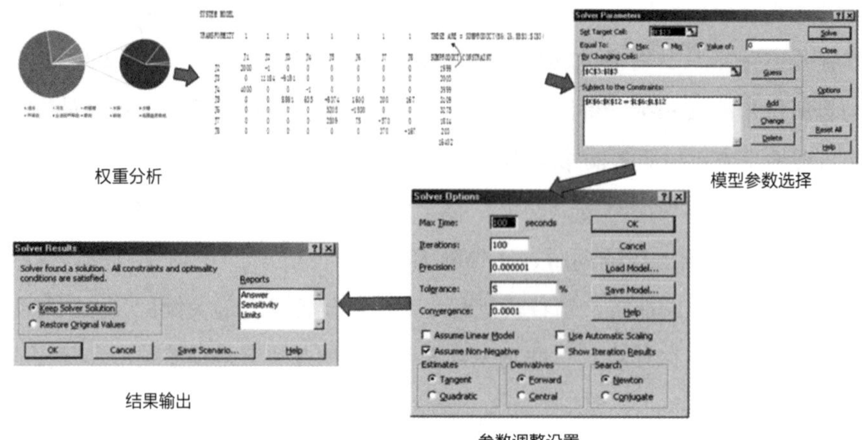

图 7-3　能值流程图构建及运行过程

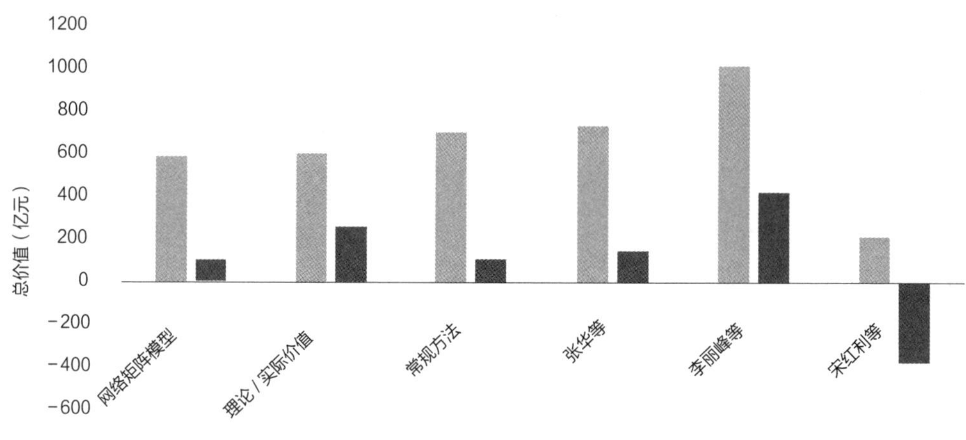

图 7-4　不同研究方法结果对比

在对滨海湿地生态系统服务价值进行评价时，不可将理论/实际价值简单叠加，因为两类价值产生的根源不同。理论价值是一个生态系统可以提供服务的潜在价值量，使用价值则是以“受益人”为视角的服务价值量。本研究所构建的网络矩阵模型也是以理论/实际使用价值的权重作为构建基础，对这两类价值的分析计算尤为关键。

采用常规的能值方法所得到的双台河口湿地生态系统服务总价值为 700.67 亿元，与本研究所得结果相差 105.16 亿元，与评价所得重复性计算量相符。本研究评价的总价值与张华等的研究结果（总价值 741.54 亿元）相差 146.03 亿元。存在这种差异的主要原因在于张华等（2009）的研究并未考虑评价中产生的重复性计算问题。另外，随着旅游业和养殖业的发展，人为活动对双台河口湿地生态系统服务的影响越来越大，也使得一些服务的价值不能完全体现。采用网络矩阵模型在剔除重复性计算的同时，还符合滨海湿地生态系统服务的社会发展趋势，具有多方面的优势。本研究评价总价值与李丽峰等（2013）的研究结果相差较大，相差 424.10 亿元，主要原因在于李丽峰等在对双台河口湿地物质生产服务进行评价时，并未考虑油田的入侵对生态系统服务价值所产生的影响，并且在评价过程中也未考虑各项服务所占的权重，仅仅计算了每项服务的最大价值，这两方面共同作用导致最终评价结果的偏大。宋红丽（2013）等对双台河口湿地生态系统服务价值进行了评价，评价结果为 215.62 亿元，与本研究去除重复性计算的结果相比小很多，这主要是由于在一些服务价值评价时作者未考虑权重的影响，且在对总体价值进行评价时也未将双台河口湿地生物栖息地服务等重要服务列入计算，所评价功能不够全面、总价值量偏小，使得评价结果虽然较小，但实际并不是由于剔除了评价中所产生的重复性计算。相反，是对滨海湿地生态系统服务所蕴含价值的极大低估。这也说明，虽然重复性计算对总体评价结果的影响体现在使评价结果偏大，但并不是所有比其他评价结果偏小的评价研究都是对生态系统服务价值评价的重复性计算剔除研究。也就是说，在评价过程中，不应为剔除重复性计算而将一些服务的价值忽视。在对一个生态系统的服务的价值进行评价时，首先要准确识别各项服务价值在整体服务价值中所占的比重大小，而这个比重不应通过主观的赋值来决定。此外，还需要全面识别每项生态系统服务及其参与者，即在评价时既要兼顾比重，也要兼顾全面。如果只考虑各项生态系统服务的权重，而漏掉了一些服务，虽然评价结果小了，但其实并不是由于重复性计算的剔除让评价结果更精确，对湿地生态系统服务价值高估或低估均会对决策产生影响，对湿地生态系统的健康发展不利。

此外，之前学者们的评价大都未考虑生态系统服务所占权重，也未以“受益人”为基础对生态系统服务进行识别，这些因素均会导致重复性计算的产生。当决策者对当地土地利用类型进行规划时，如果价值评价结果偏大，则会对规划的方向产生误导，导致某项服务最终过于偏大或缺失，不利于整个生态系统的健康发展，所以对其价值进行准确的评价对双台河口湿地健康性及稳定性有着重要的意义。

第二节　基于尺度转换的辽宁省滨海湿地价值评价

Meta 分析方法主要以中国目前已有的滨海湿地生态系统评价的文献和一些案例点的原始数据作为数据源，把不同年份的数据都按照 GDP 增长指数标准化到 2013 年。通过与滨海湿地相关的生态、社会和经济因子建立的 Meta 回归模型，最终核算出辽宁省滨海湿地生态系统服务的总价值，并对各层因子与生态系统服务价值进行对比分析。小波变换方法即采用 Morlet 连续小波变换，根据 Metlab 和 Surfer 8.0 完成编程和数据转换，实现辽宁省滨海湿地价值的尺度转换，最终得出辽宁省滨海湿地生态系统服务总价值。

一、辽宁省滨海湿地概况

该区域位于中国东北地区，地理坐标为 38° 43′～43° 26′ N，118° 53′～125° 46′ E。其海岸线东起鸭绿江口，西至山海关老龙头，全长 2920 km。滨海湿地沿海岸线成带状分布，根据国家林业局组织的第二次湿地资源调查结果，辽宁省滨海湿地涉及丹东市、大连市、营口市、盘锦市、锦州市和葫芦岛市等 6 个市的 24 个湿地区，总近海与海岸湿地面积为 71.32 万 hm^2，占辽宁省湿地总面积的 51.13%，其类型分为浅海水域、岩石海岸、沙石海岸、淤泥质海滩、潮间盐水沼泽、河口水域和三角洲／沙洲／沙岛 7 类。辽宁省地处温带半湿润地区，属温带大陆性气候，气候适宜，四季分明，雨量充沛，光热资源充足，积温较高（张华等，2009）。年平均降水量为714.9mm，年平均气温4～10℃（朱京海等，2008）。

参照中华人民共和国国家标准（GB/T 24708—2009 湿地分类），综合考虑湿地成因、地貌类型、水文特征、植被类型，将辽宁省滨海湿地分为7种类型，包括浅海水域、岩石海岸、沙石海滩、淤泥质滩涂、潮间盐水沼泽、河口水域、河口三角洲／沙洲／沙岛。其分类标准、每一种滨海湿地类型面积和所占比例见表7-1。可以看出，浅海水域的面积占的比例最大，为83.98%，其次为淤泥质滩涂，所占比例为8.86%；岩石海岸所占的比例最低，为0.03%。

表 7-1　辽宁省滨海湿地分类依据及面积比例

序号	湿地分类	分类标准	面积（hm^2）	比例（%）
01	浅海水域	湿地底部基质为无机部分组成，植被盖度 <30% 的区域。包括海滨、海峡	598923.31	83.98
02	岩石海岸	底部基质 75% 以上是石头和砾石，包括岩石性沿海岛屿、海岩峭壁	223.53	0.03
03	沙石海滩	由砂质或沙石组成的，植被盖度 <30% 的疏松海滩	5125.30	0.72
04	淤泥质海滩	由淤泥质组成的植被盖度 <30% 的泥 / 沙海滩	63206.71	8.86
05	潮间盐水沼泽	潮间地带形成的植被盖度≥ 30% 的潮间区域。包括盐碱沼泽、盐水草地和海滩盐泽、高位盐水沼泽	5309.18	0.74
06	河口水域	从近口段的潮区界（潮差为零）至口外河海滨段的淡水舌峰缘之间的永久性水域	22646.71	3.18
07	河口三角洲 / 沙洲 / 沙岛	河口系统四周冲积的泥 / 沙滩、沙洲、沙岛（包括水下部分）。植被盖度 <30%	17764.53	2.49

辽宁省是中国东北地区唯一的沿海省份，其省域范围内的海岸线占全国总海岸线长度的 12%（赵焕庭和王丽荣，2000）。辽宁省内包括大凌河、小凌河、双台子河、辽河、大洋河、鸭绿江等多条支流汇入到黄海和渤海中，并产生了多种类型的滨海湿地资源。这些滨海湿地资源不仅对维持区域生态环境起到重要作用，而且在沿海产业发展和渤海地带经济发展中都起到关键作用。本研究应用上文介绍的 Meta 分析和小波变换作为辽宁省滨海湿地生态系统服务价值评价的尺度上推技术和方法，来识别滨海湿地生态系统服务多空间尺度数据的特征，最终核算 2013 年辽宁省滨海湿地的总价值。

二、基于 Meta 分析的辽宁省滨海湿地价值评价

1. 数据收集

运用 85 个案例评价研究中的 589 个观察值来建立 Meta 数据库，这些案例主要来自国内滨海湿地生态系统服务价值评价的相关研究工作。在案例点数据库中，考虑到某些生态系统服务存在特定的湿地类型，所以在 Meta 回归模型中引入了虚拟变量，其值为 0 或 1，即出现某一种生态系统服务时，对其赋值为 1，相反则为 0。在进行统计分析时，将某些数值首先转换为对数形式再进行回归分析，原因有几个方面：①减弱模型中数据的异方差性，只能是减弱，并不能彻底消除；②模型形式的需要，利用线性回归模型的前提是解释变量和被解释变量之间的线性关系，但是在实际中这一点很难满足，大多需要对多个变量或者单一变量作对数变换，让模型的形式变为线性；③取对数，再配合差分变化，把绝对数变成相对数，使数据更能表示变动的相关性。

所有初始研究中的数值根据各行政区域 GDP 增长指数调整到 2013 年的值，湿地特点的变量主要来源于原始研究，环境特点主要来源于统计年鉴（http：//www.shujuku.org/；辽宁省统计年鉴，2014），其他变量如纬度和湿地与城市中心距离主要来源于 ArcGIS 空间提取。

2.Meta 分析和生态系统服务价值

通过 85 个案例评价研究中的 589 个观察值可以看出，数据库中滨海湿地的研究全

部来自于中国，把不同年份的价值评价研究全部标准化到基准年 2013 年（通过 GDP 的换算），通过不同湿地类型、不同湿地生态系统服务和价值评价方法对数据进行分类、分析。大多数案例的湿地类型为浅海水域（23）、淤泥质沙滩（16）、沙石海滩（3）、潮间盐水沼泽（2）、河口水域（17）、三角洲（20）、红树林（4）。不同类型的滨海湿地发挥的生态系统服务功能也不完全相同。在确定了上述滨海湿地类型，研究中的滨海湿地生态系统服务功能包括：①供给功能，有食物生产（75）、原材料生产（59）和航运（9）；②调节功能，有调洪蓄水（51）、涵养水源（51）、固碳（66）、气候调节（33）、大气调节（45）、消浪护岸（25）、促淤造陆（14）和调节生境栖息地（56）；③文化功能，有休闲旅游（57）和科研教育（48）。不同的生态系统服务评价采用了相应的方法，主要包括市场价值法（158）、影子工程法（52）、成本替代法（65）、专家评估法（112）、碳税法（56）、机会成本法（65）、条件价值法（18）、旅行费用法（49）和模拟市场法（14）。

研究中最终的数据库包含 85 个研究中的 589 个观察值，这个数值相比 Chaikumbung 等（2015）采用了 379 个研究中的 1432 个观察值和 Ghermandi 等（2010）采用了 170 个研究，都是相对较小的。主要原因在于本研究采用的数据库优先选择已经出版的文献，本研究中的数据库只包括 8 个未出版的原始数据。这样能有效避免数据因为没有发表出来而产生的误差（Reitsma 等，2002；Wilson 和 Hoehn，2006）。但采用这样的数据库也有一定的局限性，比如滨海湿地类型中的沙石海滩只有 3 个研究，盐间潮水沼泽只有 4 个研究，这就使得在建立 Meta 回归模型后，进行尺度上推的转换效率相对较低。

为了更准确分析影响湿地价值的因素，在单因素和多因素分析中采用最小二乘法中 Robust 标准误进行偏方差统计，具体结果如表 7-2。Meta 回归模型 1 的 R^2（0.58）和模型 2 的 R^2（0.56）表示数据库中有超过一半的研究与本研究结果相类似。本研究将地理信息特征和社会—经济特征都包含到了湿地价值评价中，之前的 Meta 分析也有证明湿地价值与社会经济和地理特征有一定的相关性（Brander et al.，2012；Chaikumbung et al.，2015）。湿地规模大小和滨海湿地生态系统服务的单位价值呈显著负相关关系。人均 GDP、湿地和城市中心的距离这两个变量与滨海湿地生态系统服务的单位价值呈显著正相关关系（P=0.008，0.021），这和单变量模型分析的结果一致。分析价值评价方法时，条件价值评估法、专家评估法和碳税法在 5% 的水平上呈现了一定的显著性。当和市场价值法作比较时，发现替代成本法、旅行费用法和机会成本法这些评价方法和滨海湿地生态系统服务的单位价值并没有任何相关关系。然而，运用条件价值评估法、专家评估法和碳税法则会产生明显的更高的生态系统服务价值（Basnarkov and Urumov，2009）。滨海湿地生态系统服务中，调蓄洪水（在1%水平上）和滨海湿地生态系统服务的单位价值呈现一定的显著相关性。根据单变量模型的结果，可看出湿地规模大小和滨海湿地单位面积价值（两者都是取对数的形式）呈负相关关系，在图7-5A中也清晰地说明了这一结果。人均GDP和滨海湿地生态系统服务的单位价值呈显著正相关关系（图7-5D）。通过本研究的模型预测，如果人均GDP每增长1%，湿地单位价值应该增大约0.7%。湿地在低纬度地区比高纬度地区往往具有更高的价值（图7-5B）；湿地的单位面积价值与人口密度呈现正相关的关系（图7-5C）；而且湿地距离城市中心越远，其单位面积价值越高（图7-5E）；湿地单位价值与评价年份也呈一定的正相关关系，即湿地单位面积价值随着年份的增加增大（图7-5F）。

表7-2 Meta回归分析结果

		模型1		模型2	
分类	变量	系数项	$P>t$	系数项	$P>t$
常数		63.243	0.127	86.500	0.206
X_w 湿地特点	湿地规模大小	−0.491***	0.007	−0.515***	0.002
	湿地类型	−2.342	0.126	−3.884	0.161
	食物生产	0.834**	0.022	0.548	0.324
	原产料生产	−0.216	0.581	−0.152	0.838
	航运	−0.628	0.210	−0.402	0.709
	调蓄洪水	0.629***	0.009	0.683***	0.007
	涵养水源	0.503	0.275	0.310	0.706
	固碳	−0.526	0.379	−0.772	0.501

（续）

		模型 1		模型 2	
分类	变量	系数项	$P>t$	系数项	$P>t$
X_w 湿地特点	大气调节	0.217	0.294	0.398	0.611
	气候调节	−0.690	0.357	−0.842	0.707
	消浪护岸	−0.294*	0.092	−0.307	0.595
	促淤造陆	0.639	0.305	0.480	0.543
	生物多样性维持	0.416**	0.026	0.397*	0.057
	休闲旅游	1.183	0.217	0.981	0.452
	科研教育	1.862	0.147	1.686	0.191
X_m 评价技术	市场价值法	0.376	0.628	0.113	0.941
	影子工程法	−0.019	0.505	−0.025	0.983
	成本替代法	0.181	0.720	0.157	0.889
	专家评估法	−2.817**	0.034	−3.558**	0.046
	碳税法	1.178**	0.042	0.847	0.337
	模拟市场法	−0.691	0.259	−0.705	0.465
X_m 评价技术	旅行费用法	−0.133	0.503	−0.257	0.831
	机会成本法	0.840	0.583	0.623	0.651
	评估年份	0.089	0.176	0.034	0.124
X_c 环境特点	纬度	−0.007*	0.083	−0.042	0.378
	与城市中心距离	0.185***	0.009	0.021**	0.021
	人均 GDP	−0.008***	0.003	−0.022***	0.008
	人口密度	0.083*	0.072	0.058	0.308
	湿地保护力度	−0.122	0.417	−0.265	0.650
R^2		0.58		0.56	

注：最小二乘法中 Robust 标准误进行偏方差统计，本研究中 ***，** 和 * 分别代表 1%，5% 和 10% 的显著水平。

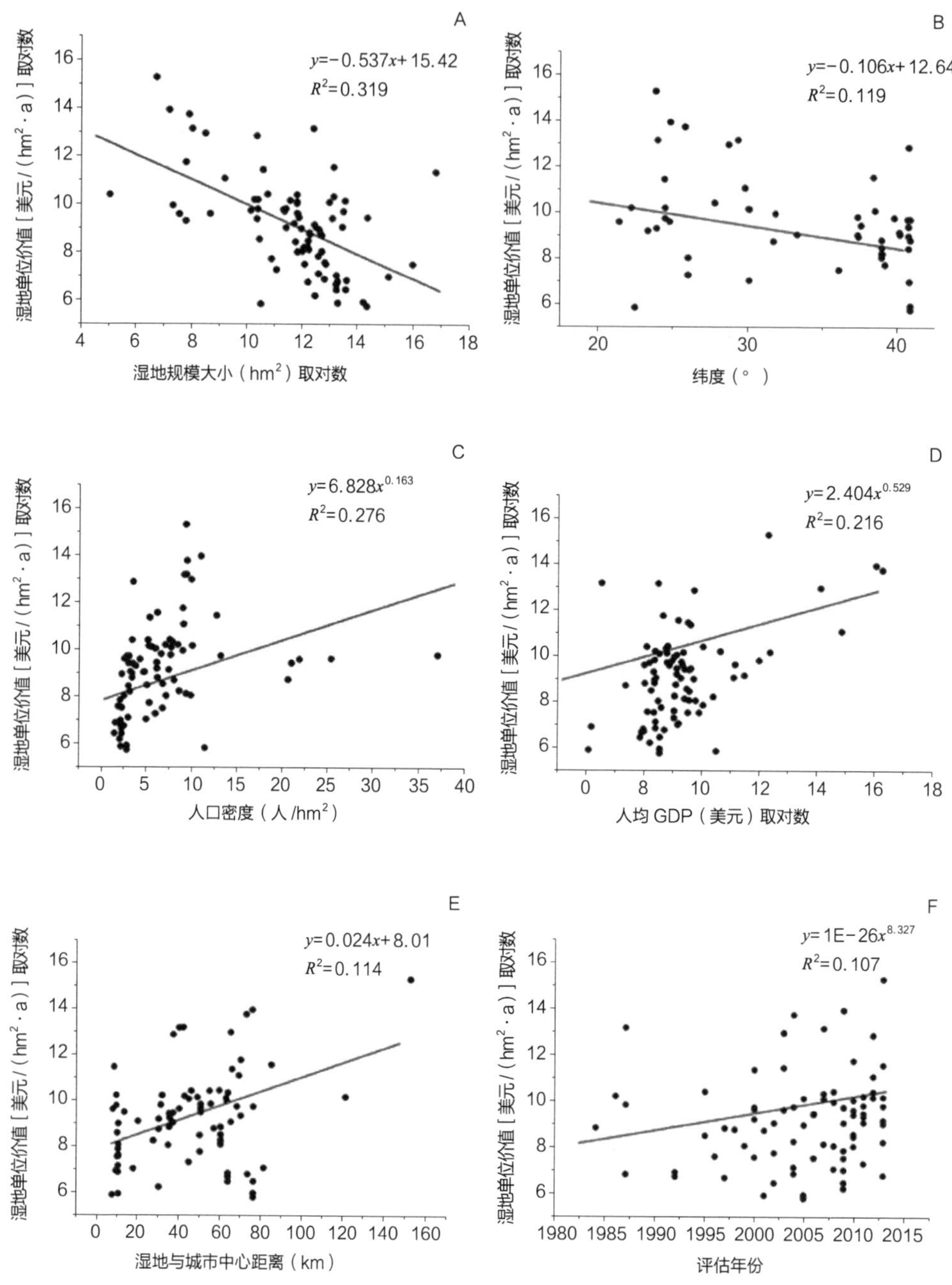

图 7-5　单因素变量与湿地单位价值之间相关性

根据 Meta 回归模型 1 的结果，不同类型的滨海湿地及其各自的生态系统服务类型的价值如表 7-3 所示，滨海湿地生态系统服务的单位面积价值随着湿地类型的不同而呈现出了不同的结果，不同生态系统服务类型的单位面积价值也不一样，其价值区间变化为 0~1108 [美元／($hm^2 \cdot a$)]。单位面积价值最小的滨海湿地类型为岩石海滩 3644 [美元／($hm^2 \cdot a$)]，而单位面积价值最大的是河口水域类型 7446 [美元／($hm^2 \cdot a$)]，其次为淤泥质海滩 7126 [美元／($hm^2 \cdot a$)]。这两种单位面积价值较高的滨海湿地类型，归因于其能提供更多更丰富的生态系统服务类型。分析不同的生态系统服务类型，我们发现航运功能仅仅存在于河口水域和河口三角洲／沙洲／沙岛，并且在这两种湿地中，航运的价值也相对较低 103 [美元／($hm^2 \cdot a$)] 和 162 [美元／($hm^2 \cdot a$)]。这也表明了并不是所有的滨海湿地都适合开展航运功能。其他的生态系统服务都存在于所有的滨海湿地类型中。

3. 辽宁省滨海湿地生态系统服务价值及其空间分布

根据上文 Meta 回归模型、辽宁省不同类型滨海湿地面积及其生态、经济和社会变量，可得出辽宁省不同类型滨海湿地生态系统服务价值和沿海 6 市不同行政区域滨海湿地生态系统服务价值（表 7-4）。其中，大连市滨海湿地价值所占比例最高，为 35.28%；营口市所占比例最低，为 9.05%。在不同类型滨海湿地中，浅海水域的价值最高，所占比例为 83.98%；其次为淤泥质海滩，所占比例为 8.86%；其他河口水域所占比例为 3.18%、河口三角洲／沙洲／沙岛所占比例为 2.49%、潮间盐水沼泽所占比例为 0.74%、沙石海滩所占比例为 0.79% 和岩石海岸所占比例为 0.03%。

辽宁省滨海湿地又可分为 24 个湿地区域，各湿地型在湿地区分布的数量情况为：浅海水域分布在全省 18 个滨海湿地区；岩石海岸分布在全省 1 个湿地区；沙石海滩分布在全省 5 个湿地区；淤泥质海滩分布在全省 8 个湿地区；潮间盐水沼泽分布在全省 2 个湿地区；河口水域分布在全省 17 个湿地区；三角洲／沙洲／沙岛分布在全省 2 个湿地区。其具体空间分布及价值见表 7-5。

表 7-3 不同类型滨海湿地的不同生态系统服务功能的单位价值 [美元 / ($hm^2 \cdot a$)]

类型	FP	RMP	SF	FC	WC	CS	GR	CR	WR	AL	BS	RS	SR	合计
浅海水域	612	203	0	723	614	992	107	670	601	201	1，002	192	114	6031
沙石海滩	104	83	0	432	493	571	90	162	302	128	902	261	116	3644
淤泥质海滩	611	395	0	923	702	852	247	831	699	241	1，108	195	322	7126
潮间盐水沼泽	114	153	0	690	384	623	106	321	207	216	1013	365	218	4410
河口水域	514	405	103	975	762	896	207	783	817	273	1，103	471	137	7446
河口三角洲 / 沙洲 / 沙岛	608	301	162	1，092	421	705	208	804	566	198	1，074	265	173	6577
红树林	427	283	0	737	594	617	202	537	483	244	907	182	201	5414
合计	2990	1823	265	5572	3970	5256	1167	4108	3675	1501	7109	1931	1281	40648

注：FP. 食物生产；RMP. 原材料生产；SF. 航运；FC. 调蓄洪水；WC. 涵养水源；CS. 固碳；GR. 大气调节；CR. 气候调节；WR. 消浪护岸；AL. 促淤造陆；BS. 生物多样性维持；RS. 休闲旅游；SR. 科研教育。

表 7-4　不同城市以及不同类型滨海湿地生态系统服务的价值

城市	湿地面积（hm^2）	价值（美元）	比例（%）	湿地类型	湿地面积（hm^2）	价值（美元）	比例（%）
丹东	107362.52	4 209 223 932	14.52	浅海水域	598923.31	24 345 310 593	83.98
盘锦	123042.53	5 035 990 315	17.37	岩石海岸	223.53	9 086 150	0.03
大连	242131.30	10 228 045 724	35.28	沙石海滩	5125.30	208 335 555	0.72
葫芦岛	107440.40	4 210 514 076	14.52	淤泥质海滩	63206.71	2 569 255 464	8.86
锦州	67747.70	2 681 668 210	9.25	潮间盐水沼泽	5309.18	215 809 994	0.74
营口	65474.49	2 624 996 785	9.05	河口水域	22646.38	920 540 486	3.18
				河口三角洲 / 沙洲 / 沙岛	17764.53	722 100 799	2.49
合计	713198.94	28 990 439 041	100.00	合计	713198.94	28 990 439 041	100.00

表 7-5　辽宁省各湿地区近海与海岸湿地型分布面积统计及价值

序号	湿地区名称	各湿地型及其面积分布（hm^2）							价值（美元）
		浅海水域	岩石海岸	沙石海滩	淤泥质海滩	潮间盐水沼泽	河口水域	三角洲/沙洲/沙岛	
01	大连斑海豹湿地区	64869.70	—	—	—	—	—	—	2 740 208 547
02	双台河口湿地区	33945.45	—	—	13345.56	5203.61	13975.20	11248.70	3 180 930 318
03	鸭绿江口湿地区	81160.62	—	—	26201.90	—	—	—	4 209 223 932
04	六股河湿地区	--	—	252.85	—	—	170.67	—	16 597 452
05	凌海湿地区	54842.48	—	—	12041.89	—	863.33	—	2 681 668 210
06	皮口湿地区	--	—	—	867.91	—	227.79	—	46 284 267
07	庄河滨海湿地区	98342.77	—	—	6862.75	—	1651.98	—	4 513 845 983
08	甘井子区零星湿地区	3265.38	—	—	—	—	—	—	137 935 310
09	旅顺口区零星湿地区	574.37	223.53	—	—	—	—	—	33 704 678
10	金州区零星湿地区	31039.85	—	—	—	—	—	—	1 311 177 056
11	瓦房店市零星湿地区	21317.99	—	—	—	—	2084.75	—	988 572 294
12	普兰店市零星湿地区	9260.50	—	—	1377.41	—	164.62	—	456 317 588
13	站前区零星湿地区	--	—	—	—	—	87.59	—	3 511 650

（续）

序号	湿地区名称	各湿地型及其面积分布（hm^2）							价值（美元）
		浅海水域	岩石海岸	沙石海滩	淤泥质海滩	潮间盐水沼泽	河口水域	三角洲/沙洲/沙岛	
14	西市区零星湿地区	1393.17	—	—	—	105.57	346.77	—	73 990 004
15	老边区零星湿地区	45853.94	—	—	788.46	—	144.80	—	1875787800
16	鲅鱼圈区零星湿地区	8229.62	—	—	—	—	96.72	—	333 818 801
17	盖州市零星湿地区	8145.36	—	—	—	—	68.44	—	329 306 858
18	大石桥市零星湿地区	--	—	—	—	—	214.05	—	8 581 671
19	大洼县零星湿地区	--	—	—	—	—	1213.84	—	49 681 086
20	盘山县零星湿地区	36543.07	—	—	—	—	1051.27	6515.83	1 805 378 912
21	连山区零星湿地区	--	—	269.77	—	—	—	—	10 572 097
22	龙岗区零星湿地区	16625.77	—	424.91	—	—	—	—	668 204 215
23	兴城市零星湿地区	43884.16	—	3506.89	1720.83	-	96.59	—	1 928 445 498
24	绥中县零星湿地区	39629.11	—	670.88	—	—	187.97	—	1 586 694 814
合计		598923.31	223.53	5125.30	63206.71	5309.18	22646.38	17764.53	28 990 439 041

Meta 分析在国内外的湿地价值评价的应用已经较为广泛（Brouwer et al., 1999；Woodward et al., Wui, 2001；Brander et al., 2006；Brander et al., 2007；Brander et al., 2012b；Camacho-Valdez et al., 2013；Chaikumbung et al., 2015），其克服了传统文献综述的缺陷，具有可以对同一问题提供系统的、可重复的、客观的综合方法等特点，并具有增加检验效能、提高研究精度、回答原单个研究未提出的问题、解决因研究结果相矛盾产生的争议或产生新的假说等优势（Ghermandi et al., 2010；Brander et al., 2012a），其综合性、准确性的特性得到了越来越多专家的认可。但 Meta 分析方法也有自己的不足，Meta 分析需要综合其他检验结果，而这些结果的可信度就制约了 Meta 分析的可信度。几乎所有作者及编辑都有更愿意报道统计检验显著结果的趋向，所以综述者被限于在发表物中综合独立研究结果（彭少麟和郑凤英，1999），有可能导致效应大小的高估。这些文章的作者在综合分析数据时也可能产生误差，这就更加降低了 Meta 分析的综合能力。而且，Meta 分析也是由人主观地进行分析评价，这就会导致分析结果产生偏差（郭明和李新，2009）。Hoehn（2006）指出过程评价误差可能会导致最终生态系统评价结果出现 4 倍的误差。已有的相关研究由于时间和精力的限制，搜集的案例研究点大多来源于国内（张翼然，2014；张雅昕等，2016），由于样本和解释变量个数较少，很多统计上不显著的解释变量被剔除，缩小了 Meta 回归模型的预测范围，不能完全反映政策目标地的资源环境特征。因此，在今后的实证研究过程中，除了要提高湿地价值评价方面文章的深度和广度，尝试使用高级计量经济学模型完善 Meta 分析的方法和技术，还应该积极地探求国际合作，寻求资源共享，不断进行新的尝试。

本节采用 Meta 分析方法，得出辽宁省不同行政区域滨海湿地生态系统服务单位价值为 40648 [美元／(hm^2 · a)]。尽管目前也有很多学者努力尝试着准确估算湿地生态系统的服务价值，但是由于生态系统内部的复杂性、综合性以及市场价值的变动性，大多数方法还是具有不确定性。国内的一些学者在评价湿地生态系统服务价值时，还是参照 1997 年 Costanza 等学者研究的单位价值，其研究成果是否完全适用于我国湿地生态系统服务价值的评价还有待商榷（魏同洋，2015；赵小汎，2016）。除此以外，也有很多尺度转换的方法在近些年的研究中得到了广泛的应用，但是还没有明确显示哪一种尺度转换的方法具有明显的优势。

对不同研究者用 Meta 分析的方法对省域尺度、国家尺度不同类型湿地价值的研究进行比较（表 7-6），发现研究间差异性比较明显。和张翼然（2014）的研究相比较，滨海湿地和湖沼湿地相比，多了促淤造陆和消浪护岸的功能，并且这两项服务功能在滨海湿地生态系统中发挥较为重要的作用；除此以外，从研究区域的尺度不同来分析，本研究是省域尺度，2013 年人均 GDP 为 10175 美元，而张翼然的研究换算到 2013 年全国人均 GDP 为 7016 美元。本研究的结果比张翼然的结果偏大，与 Camacho–Valdez 等（2013）的研究结果比较接近，这是由于评价对象、评价方法以及墨西哥与中国的 2013 年人均 GDP 都比较接近。但是毕竟研究区域处于不同国家，在社会—经济因素方面还是会呈现出一定的差别。

研究中，湿地规模、湿地所处地的纬度、湿地所在城市的人口密度、GDP、湿地与城市中心的距离、搜集的案例点数据的评价年份等社会—经济属性因子与辽宁省滨海湿地生态系统服务价值呈现了一定的相关性。滨海湿地单位价值随着湿地面积，以及湿地所处纬度的增加而减小，随着湿地所处城市的人口密度、GDP、湿地与城市中心的距离和搜集的案例点数据的评价年份的增加而增大。这和 Brander 等（2006）、Ghermandi 等（2010）以及 Rao 等（2015）研究的湿地生态系统单位价值与湿地规模呈负相关的结果一致，表示两者之间呈现经济学当中的边际效应递减规律，即湿地面

表 7-6　本研究结果与其他研究进行对比分析

评价年份	研究区域	方法	单位价值 [美元/($hm^2 \cdot a$)]	根据 GDP 转换为 2013 年价值 [美元/($hm^2 \cdot a$)]	来源
2003	墨西哥西北部的滨海湿地	Meta 分析	4316	40158	Camacho–Valdez et al（2013）
2008	中国湖泊湿地	Meta 分析	15541	28161	张翼然（2014）
	中国沼泽湿地	Meta 分析	9961	18052	
2013	中国辽宁省滨海湿地	Meta 分析	40648	40648	本研究（2016）

积越大时，其增加部分的面积的价值增加相对较小（Gutenberg，2014）。

湿地的单位价值与数据源案例点的出版呈一定的正相关关系，即未出版的原始数据计算出来的湿地单位价值更大一些，这和 Camacho-Valdez 等（2013）在研究墨西哥西北部滨海湿地的生态系统服务价值的结果保持一致。原因可能是随着人们对湿地价值的认识越来越全面和重视，目前构建的体系相对精确和全面，所以用本节的评价指标对原始数据进行核算，产生的价值比搜集的已出版的案例点的价值稍高一些。在湿地供给、调节和文化的各个不同指标中，调洪蓄水、调节生境栖息地和科研教育的价值和湿地单位价值呈显著正相关关系，这和大多学者认为调蓄洪水、调节生境栖息地以及湿地的科研教育发挥重要作用相关（Gren，2010；Ghermandi et al.，2013；Pendleton et al.，2016）。

综上所述，运用 Meta 分析，结合相关地理和环境空间的数据来实现尺度上推，得出 2013 年辽宁省滨海湿地生态系统服务总价值为 289.90 亿美元，换算为人民币为 1794.51 亿元。在 6 个沿海城市的滨海湿地价值中，大连市滨海湿地生态系统服务价值最高，为 102.28 亿美元，换算为人民币为 633.11 亿元，占辽宁省滨海湿地总价值的比例为 35.28%。在 7 种不同的滨海湿地类型中，浅海水域的生态系统服务价值最高，为 243.45 亿美元，换算为人民币为 1506.98 亿元，占辽宁省滨海湿地总价值的比例为 83.98%。辽宁省滨海湿地生态系统服务价值与湿地规模、纬度、人口密度、人均 GDP 和湿地距离城市中心远近等具有一定的相关性。

三、基于小波变换的辽宁省滨海湿地价值评价

1. 基础数据的组织

沿着辽宁省 6 个沿海城市的海岸线进行等距离采样布点，分为 A、B、C 和 D4 条样线（图 7-6）。沿着 4 条样线，每隔 20 km 的空间范围采取 1×10^4 hm^2 的样点，一共 39 个样点，其中包括葫芦岛市 8 个样点、锦州市 4 个样点、盘锦市 4 个样点、营口 2 个样点、大连 18 个样点和丹东 3 个样点。对这些样点按照千年生态系统评价体系标准（MA，2005），分为供给、调节、支持和文化四方面。其中供给服务包括物

质生产和航运；调节服务包括调蓄洪水、涵养水源、固碳、大气调节、气候调节、消浪护岸和促淤造陆；支持服务包括生物多样性维持；文化服务包括休闲旅游和科研教育。物质生产、航运、大气调节、促淤造陆采用的是市场价值法；调蓄洪水、气候调节采用的是替代成本法；涵养水源采用的是影子工程法；固碳采用的是碳税法；消浪护岸采用的是专家评估法；休闲旅游和科研教育采用的是旅行费用法和模拟市场法；生物多样性维持采用的是支付意愿法。具体每一个指标的计算方法和参数见第四章第二节内容。

图7-6　研究区样线设置（A、B、C、D为4条采样线）

根据基础数据，得出每个样点的滨海湿地生态系统服务价值。利用连续小波变换方法进行生态系统服务价值的尺度上推，通过不同空间尺度的分析和小波聚类分析，换算每一相同聚类的滨海湿地生态系统服务价值，进行层层尺度上推，最终得出辽宁省滨海湿地的总价值。

典型滨海湿地取样点的生态系统价值评价数据主要分为三部分：第一部分为辽宁省统计年鉴和各相关湿地办公室提供的数据，包括湿地环境特点如水产品供给量、水资源数据和旅游人数等方面；第二方面为实地调研访谈，通过发放调查问卷的方式，针对生物多样性维持和休闲旅游服务，采用网络调查法和现场发放 2 种方式；第三方面为监测数据，主要包括采集土壤、植物样品，于 2015～2016 年设置样地进行土壤和植物生物量的取样，每个样地设置 3 个 1m × 1m 的样方采集植物生物量，每个样地打 1 个土柱用于测定土壤容重和 N、P、K 等指标。

数据采用 Statistical Product and Service Solutions 17.0（SPSS 17.0）进行分析，MA Trix LABoratory 2015b（Matlab 2015b）进行相关编程并使用 Origin 9.0、Matlab 2015b 和在 Surfer 8.0 中将数据转换为克里格（Kriging Gridded）进行绘图。

39 个样点的滨海湿地生态系统服务价值以及每个点的坐标信息、不同滨海湿地类型见表 7-7。分析这些数据的相关性，发现滨海湿地类型与湿地生态系统价值并没有呈现较明显的相关性。

2. 小波系数的实部等值线图分析

根据表 7-7 的结果，采用 Morlet 连续小波变换来拓展湿地价值，计算小波系数。图 7-7 至图 7-9 分别表示小波系数的实部等值线图、模值等值线图和小波方差图。鉴于辽宁省滨海湿地类型中浅海水域和淤泥质滩涂两种类型湿地面积较多，比例为 83.98% 和 8.86%，在很多样点中都包括了这两种类型的滨海湿地，所以也对这 2 种类型进行尺度转换的研究。

图 7-7 中横坐标代表空间距离（km），纵坐标代表空间尺度因子，空间尺度相差 1 代表空间距离 20 km 的滨海湿地，尺度因子为 39，其他的 15 个尺度因子是对更大尺度湿地价值评价的预测。图 7-7A 为辽宁省所有滨海湿地的所有类型的实部等值线，图 7-7B 为浅海水域类型的尺度上推过程中的实部等值线，图 7-7C 为淤泥质滩涂类型的尺度上推过程中的实部等值线。由图 7-7 可得，在不同空间尺度范围内，辽宁省滨海湿地价值演变发生了不同的聚类效果。图 7-7A、7-7B 和 7-7C 中，上半部分等值线相对稀疏，对应较大空间尺度变化的聚类效果，而下半部分等值线相对密集，对应

表 7-7　取样点信息

样号	坐标（经纬度）	主要滨海湿地类型	价值（亿元/10^4hm^2）
01	39° 57′ 46.09″ N，119° 55′ 08.59″ E	浅海水域	29.22
02	40° 04′ 26.05″ N，120° 06′ 10.60″ E	浅海水域、淤泥质海滩和岩石海滩	35.09
03	40° 09′ 52.01″ N，120° 19′ 41.42″ E	浅海水域	31.42
04	40° 15′ 35.99″ N，120° 30′ 41.70″ E	浅海水域、淤泥质海滩和河口水域	29.26
05	40° 26′ 44.75″ N，120° 35′ 56.72″ E	浅海水域、淤泥质海滩	32.71
06	40° 35′ 44.71″ N，120° 47′ 52.17″ E	浅海水域和淤泥质海滩	28.53
07	40° 44′ 23.70″ N，120° 58′ 6.86″ E	浅海水域和淤泥质海滩	41.41
08	40° 52′ 25.39″ N，121° 8′ 23.37″ E	浅海水域	27.40
09	40° 52′ 17.10″ N，121° 23′ 6.47″ E	浅海水域和淤泥质海滩	28.48
10	40° 49′ 20.22″ N，121° 36′ 52.95″ E	淤泥质海滩	32.93
11	40° 45′ 58.02″ N，121° 50′ 35.33″ E	淤泥质海滩、河口水域和盐间潮水沼泽	28.43
12	40° 39′ 17.42″ N，122° 2′ 40.49″ E	浅海水域	28.59
13	40° 30′ 31.99″ N，122° 11′ 55.79″ E	浅海水域和淤泥质海滩	35.30

（续）

样号	坐标（经纬度）	主要滨海湿地类型	价值（亿元 / 10^4hm^2）
14	40° 20′ 59.75″ N, 122° 4′ 23.05″ E	浅海水域	28.64
15	40° 11′ 46.05″ N, 121° 56′ 43.80″ E	浅海水域和淤泥质滩涂	35.66
16	40° 02′ 27.13″ N, 121° 51′ 7.85″ E	浅海水域和盐间潮水沼泽	31.60
17	39° 54′ 31.70″ N, 121° 38′ 35.22″ E	浅海水域	28.82
18	39° 46′ 24.11″ N, 121° 27′ 54.06″ E	浅海水域	33.45
19	39° 36′ 28.95″ N, 121° 21′ 49.04″ E	浅海水域	30.41
20	39° 26′ 51.35″ N, 121° 13′ 32.77″ E	浅海水域	27.48
21	39° 17′ 45.10″ N, 121° 22′ 14.21″ E	浅海水域	38.28
22	39° 8′ 59.09″ N, 121° 32′ 1.56″ E	浅海水域	29.38
23	39° 2′ 6.06″ N, 121° 20′ 13.19″ E	浅海水域	31.62
24	38° 55′ 54.21″ N, 121° 6′ 32.55″ E	浅海水域	30.42
25	38° 46′ 50.46″ N, 121° 16′ 48.03″ E	浅海水域和岩石海岸	39.23
26	38° 50′ 26.52″ N, 121° 31′ 33.04″ E	浅海水域和淤泥质海涂	30.47

（续）

样号	坐标（经纬度）	主要滨海湿地类型	价值（亿元/10^4hm^2）
27	38° 59′ 16.86″ N，121° 43′ 3.32″ E	浅海水域	33.82
28	39° 1′ 49.09″ N，121° 59′ 5.91″ E	浅海水域和淤泥质海滩	26.12
29	39° 11′ 0.18″ N，122° 9′ 49.92″ E	浅海水域	30.51
30	39° 18′ 19.08″ N，122° 20′ 30.63″ E	淤泥质海滩	33.33
31	39° 24′ 32.79″ N，122° 32′ 9.81″ E	浅海水域和淤泥质海滩	34.65
32	39° 30′ 5.43″ N，122° 45′ 43.72″ E	浅海水域	24.83
33	39° 35′ 34.81″ N，122° 58′ 21.19″ E	浅海水域	24.95
34	39° 39′ 3.10″ N，123° 12′ 33.40″ E	浅海水域、淤泥质海滩和河口水域	26.24
35	39° 42′ 46.35″ N，123° 24′ 20.70″ E	浅海水域和淤泥质海滩	33.17
36	39° 51′ 36.85″ N，123° 35′ 55.14″ E	浅海水域	24.41
37	39° 42′ 20.03″ N，123° 42′ 0.78″ E	浅海水域和淤泥质海滩	27.97
38	39° 44′ 16.54″ N，123° 55′ 32.00″ E	浅海水域和淤泥质海滩	27.82
39	39° 48′ 5.30″ N，124° 7′ 50.91″ E	淤泥质海滩	33.71

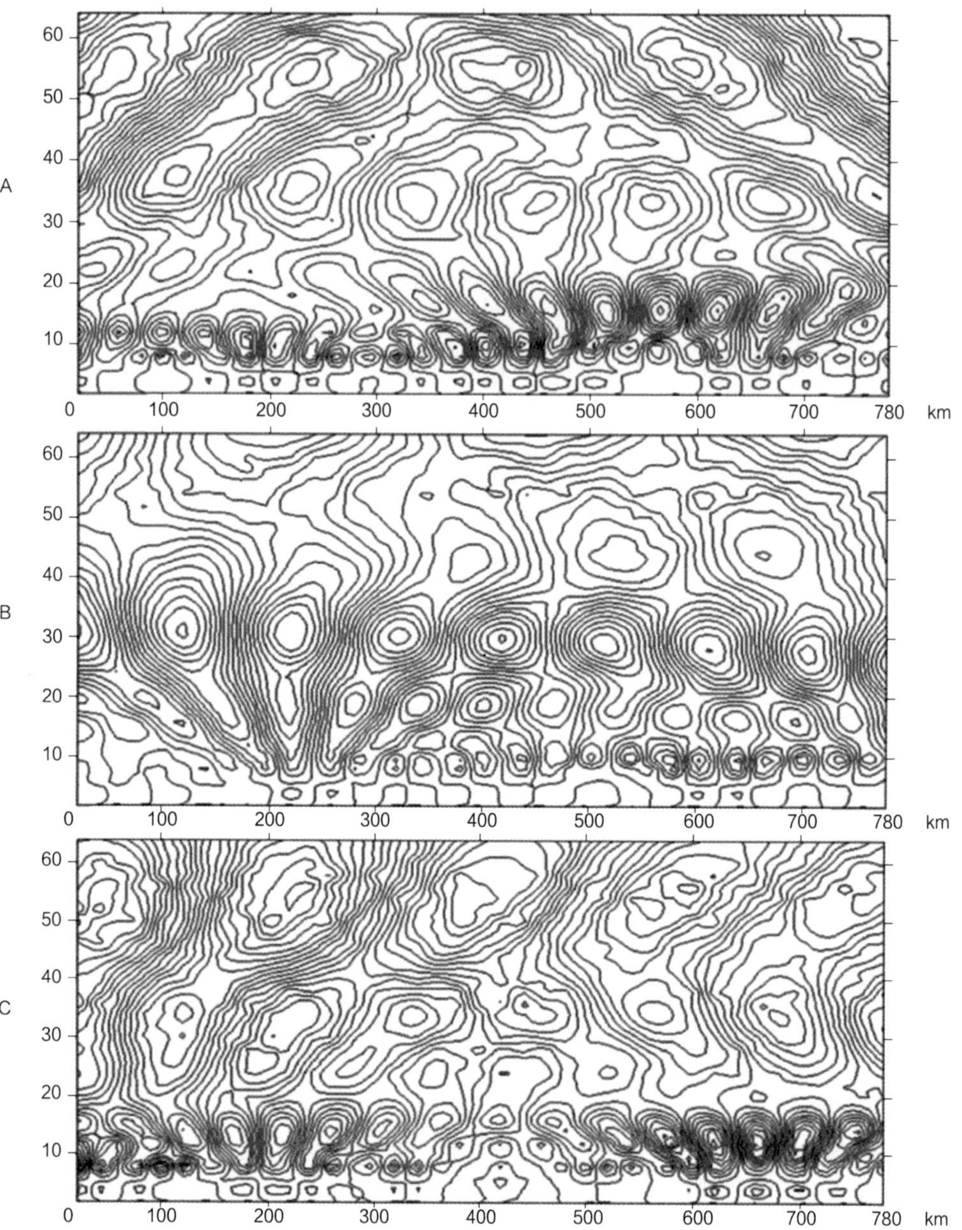

图 7-7　小波系数的实部等值线

A. 辽宁省所有类型滨海湿地小波系数的实部等值线图；B. 浅海水域类型的小波系数的实部等值线图；C. 淤泥质滩涂类型的小波系数的实部等值线图

较小空间尺度变化的聚类效果。

图 7-7A 中，发生较明显的聚类效果的是在尺度因子为 6～20、22～40 和 45～64，对应的空间距离为120～400 km、440～800 km 和900～1280 km；图7-7B 和图7-7C 中的空间尺度变化效应明显的范围和 7-7A 有一定的一致性，图 7-7B 中发生较明显的聚类效果的是在尺度因子为 6～12、13～22 和 25～45，对应的空间距离为 120～240 km、260～440 km 和 500～900 km；图 7-7C 中发生较明显的聚类效果的是在尺度因子为 6～18、22～40 和 41～64，对应的空间距离为 120～360km、440～800 km 和 820～1280 km。

3．小波系数的模值等值线图分析

图 7-8 为小波系数的模值等值线图，能够反映辽宁省滨海湿地生态系统服务价值在尺度上推过程中的变化强烈程度。图 7-8 中颜色越浅的地方代表小波系数模值越大，尺度上推过程中，湿地价值变化强烈程度越大。横坐标代表空间距离（km），纵坐标代表空间尺度因子，空间尺度相差 1 代表空间距离 20 km 的滨海湿地，本研究的尺度因子为 39，所以其他的 15 个尺度因子是对更大尺度湿地价值评价的预测。7-8A 为辽宁省所有类型滨海湿地小波系数的模值等值线图；7-8B 为浅海水域类型的小波系数的模值等值线图；7-8C 为淤泥质滩涂类型的小波系数的模值等值线图。由图 7-8A 可以看出，模值最大的区域为尺度因子为 16～18，对应的空间距离为 320～360 km；图 7-8B 中，模值最大的区域为尺度因子为 28～35，对应的空间距离为 560～700 km；图 7-8C 中，模值最大的区域为尺度因子为 48～58，对应的空间距离为 960～1160 km。即这些区域范围，尺度上推过程中，价值演变变化程度最强烈。

4．小波方差图分析

图 7-9 为小波方差图，横坐标表示尺度因子，纵坐标表示小波方差值。小波方差图能反映辽宁省滨海湿地生态系统服务价值在尺度上推过程中的特征尺度，即和相邻尺度发生明显变化的尺度称为特征尺度，如图 7-9A、7-9B 和 7-9C 中峰值对应的尺度因子。7-9A 为辽宁省所有类型滨海湿地小波方差图；7-9B 为浅海水域类型的小波方差图；7-9C 为淤泥质滩涂类型的小波方差图。图 7-9A 中对应的特征尺度为 8、17、35 和 55，对应的空间距离为 160 km、340 km、700 km 和 1100 km；图 7-9B 中对应的特征尺度为 10 和 30，对应的空间距离为 200 km 和 600 km；图 7-9C 中对应的特征

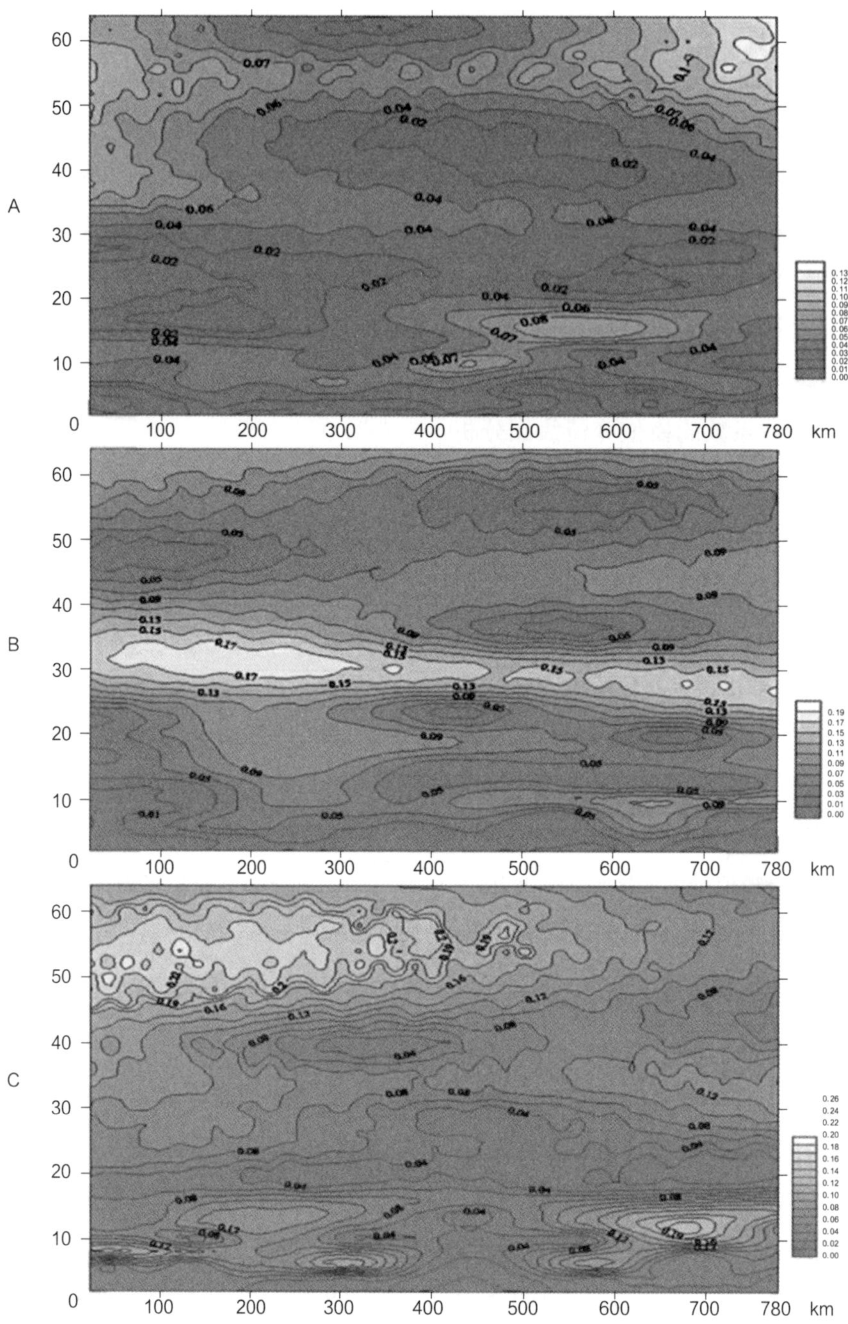

图 7-8　小波系数的模值等值线

A. 辽宁省所有类型滨海湿地小波系数的模值等值线图；B. 浅海水域类型的小波系数的模值等值线图；C. 淤泥质滩涂类型的小波系数的模值等值线图

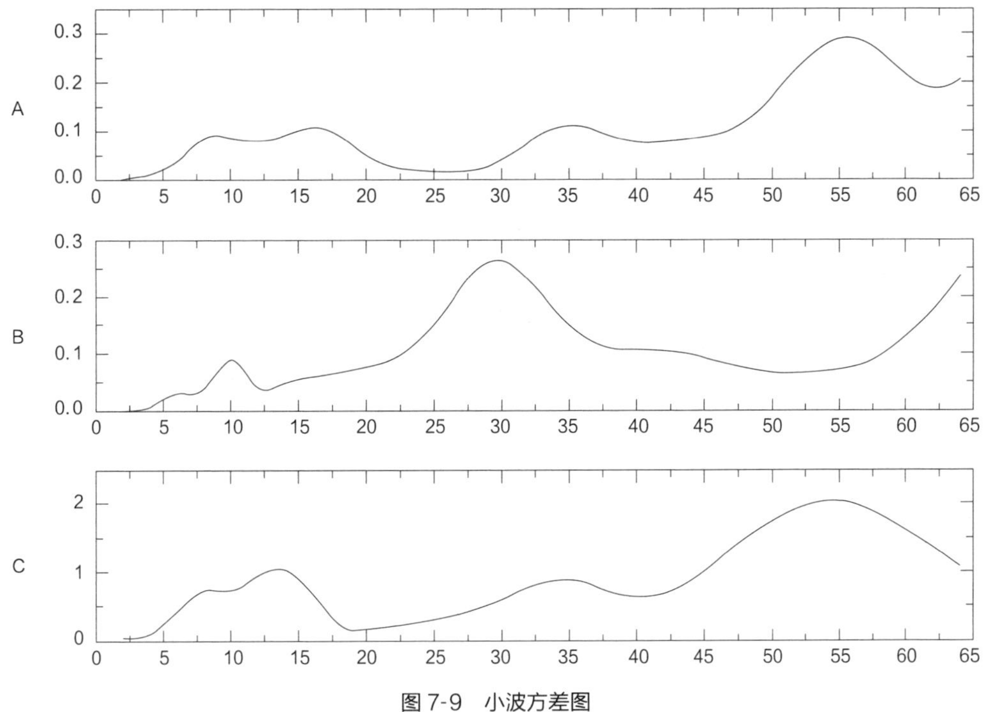

图 7-9 小波方差图

A. 辽宁省所有类型滨海湿地的小波方差图；B. 浅海水域类型的小波方差图；C. 淤泥质滩涂类型的小波方差图

尺度为 8、14、35 和 55，对应的空间距离为 160 km、280 km、700 km 和 1100 km。

5. 基于小波变换的辽宁省滨海湿地总价值

综合本研究中图 7-7 至图 7-9 的信息，可得到特征尺度为 8、17、35 和 55，小波系数的模值也是相对较大，小波聚类效果也是比较明显。鉴于本研究的尺度因子为 39，选择前三个特征尺度，即 8、17 和 35，根据各自的聚类效果换算每一相同聚类的滨海湿地的单位价值，再乘以相对应的面积，通过对每一个特征尺度数据的分析，层层上推，最终换算出 2013 年辽宁省滨海湿地生态系统服务的总价值为 2129.12×10^{8} 元（2129.12 亿元）。

基于小波变换方法得出 2013 年辽宁省滨海湿地生态系统服务价值为 2129.12 亿元，尽管很多生态学家、地理学家认为大尺度的湿地生态系统价值评价是复杂的和困难的（Schulze，2000；Bugmann et al.，2000；Brander et al.，2012；Sarkar et al.，2016；Khatami et al.，2016），但连续小波变换通过特征尺度和小波聚类分析为大尺度湿地演变过程中的变化规律提供了理论依据。

鉴于在湿地价值评价中，应用此种方法的还较少，所以和应用成果参照法的学者对大尺度湿地生态系统价值评价进行对比（表 7-8），相比国内学者张华等（2009）在核算 2005 年辽宁省滨海湿地价值研究结果，其当年研究结果为 443.47 亿元，根据辽宁省 GDP 增长指数进行换算，将其价值换算到 2013 年价值为 1447.11 亿元，小于本研究的结果。分析其具体原因，可以看出，随着研究者对生态系统服务认识的越来越全面，本研究评价的 12 个指标高于张华等核算的 8 个评价指标。而且其在引用 Costanza 等的研究结果时，并没有根据美元汇率进行调整到 2005 年价值，如其在核算水分调节价值时，所采用的水库成本 0.67 元 /m^3，沿用的是 1990 年的价值，而如果换算到 2005 年价值应该为 4.72 元 /m^3，所以这一项服务的价值的误差对总价值的影响就达到了 17.25%。另外，本研究结果和王斌等（2012）对 2008 年浙江省滨海湿地的评价结果相比，本研究的结果也是明显较高，上述分析的原因同样也存在。

表 7-8　本研究结果与其他研究进行对比分析

评价年份	研究区域	方法	单位价值 [元 / (hm^2 · a)]	根据 GDP 转换为 2013 年价值 [元 / (hm^2 · a)]	来源
2005	中国辽宁省滨海湿地	成果参照法	3.92×10^4	9.49×10^4	张华等（2009）
2008	中国浙江省滨海湿地	成果参照法	4.17×10^4	6.06×10^4	王斌等（2012）
2013	中国海南省滨海湿地	成果参照法	28.84×10^4	28.84×10^4	丁冬静等（2015）
2013	中国辽宁省滨海湿地	小波转换	29.55×10^4	29.55×10^4	本研究（2016）

而和国内学者丁冬静等（2015）的研究相比，虽然其采用了成果参照法进行直接估算，方法不一样，但是两个研究的单位面积价值比较接近（29.55×10^4 元 /hm^2 和 28.84×10^4 元 / hm^2）。两个结果相对较小的差异可能是源于研究地点的不同、辽宁省当地的 GDP 和海南省当地的 GDP 的差异，分别为 61672 元和 35710 元，这些对一些生态系统服务的评价会产生一些影响。

本节研究特征尺度分别为 8、17、35 和 55 对应地理空间范围分别为 160 km，340 km、700 km 和 1100 km，鉴于辽宁省滨海湿地的空间范围和尺度因子，主要考虑前 3 个特征尺度。研究中的采样点涉及的 6 个城市的情况分别为葫芦岛是 8 个样点，锦州市 2 个，盘锦 2 个，营口 4 个，大连 19 个，丹东 4 个。我们可以看出第一个特征尺度为 8 时，除了葫芦岛和大连存在空间跨越 8 个尺度因子情况，其他的可能都得跨越 2 个或 3 个城市，而即使在葫芦岛和大连两个城市内部，随着尺度的扩大，其滨海湿地类型也越来越丰富，这些都是导致出现特征尺度的原因；第二个特征尺度是 17，除了大连具有这个跨越 17 个尺度因子对的范围，其他的都跨越了 2 个或 3 个甚至 4 个城市，这说明不同城市的经济因素、湿地类型等都可能是影响出现这个特征尺度的原因；第三个特征尺度为 35，即相当于占全省比例的 89.74%，这说明随着行政区域的不断扩大，尺度上推效应也越来越明显。分析 2013 年辽宁省沿海各市的人均 GDP 情况，葫芦岛为 4826.17 元，锦州为 6946.82 元，盘锦为 15775.55 元，营口为 10062.45 元，大连为 18 65.69 元，丹东为 7376.65 元。可以看出，不同城市尤其是相邻城市其人均 GDP 差异相对比较明显。这也是造成特征尺度形成的原因之一。

这部分工作尝试用小波变换的方法来识别复杂的滨海湿地价值评价尺度上推过程中的演变规律，将时间序列方面应用传统的多分辨率分析方法（Ming et al.，2010；Christopher，2012；Wang et al.，2015；Sato et al.，2016；Yusaf et al.，2016；Zdenecaron et al.，2016）引入到湿地生态系统评价多空间尺度的研究中，通过对多空间尺度数据信号的定量分析，可看出随着地理空间尺度的不断增大，滨海湿地生态系统服务呈现了一定的尺度特征，并根据小波系数的实部等值线、模值等值线和小波方差图识别出辽宁省滨海湿地价值评价中的空间聚类效果、价值演变过程中变化的强烈程度和特征尺度，最终换算出 2013 年辽宁省滨海湿地生态系统服务的总价值。在今后大尺度的湿地价值评价研究中，尤其是应用到模型转换的研究，原始数据的精确性尤其重要，原始数据越精确，进行尺度上推换算的结果也越精确。此外，进行转换的湿地要与原始计算的湿地类型以及影响湿地价值的一些社会经济因素如地理环境、人口特征和经济增长指标等要相似，如果不相似，我们需要一些技术手段进行调整来避免误差的产生。

该研究目的在于评价省域尺度的滨海湿地生态系统服务价值，应用连续小波变换来核算辽宁省多空间尺度的滨海湿地生态系统服务价值，定量分析其多尺度空间特征。我们可以得出空间复杂数据中的潜在规律，并运用小波聚类实现基础数据的聚类，通过尺度上推技术层层上推，最终得出 2013 年辽宁省滨海湿地总价值为 2129.12 亿元，其特征尺度为 8、17、35 和 55，对应的空间距离为 160 km、340 km、700 km 和 11100 km。换而言之，湿地价值评价的尺度上推到这些空间范围时，结果会发生明显的变化，即尺度效应和特征尺度。鉴于浅海水域和淤泥质滩涂 2 种类型的滨海湿地面积在总的面积中占的比例较高（83.98% 和 8.86%），也分析了这两种类型滨海湿地的特征尺度和尺度效应，其结果和总的滨海湿地中的研究结果呈现出了一定的一致性，即浅海水域滨海湿地类型尺度上推过程中对应的特征尺度为 10 和 30，其对应的空间距离为 200 km 和 600 km；淤泥质滩涂滨海湿地类型尺度上推过程中对应的特征尺度为 8、14、35 和 55，对应的空间距离为 160 km、280 km、700 km 和 1100 km。虽然辽宁省区域性尺度转换过程中，其他滨海湿地类型面积相对较小，不能作为基础数据进行上推，但是在探索尺度上推的方法和技术方面为今后在更大尺度或者某一种类型湿地的价值演变过程提供了理论支撑。

参 考 文 献

蔡中华，王晴，刘广青 . 2014. 中国生态系统服务价值的再计算 [J]. 生态经济，30（2）：16-18.

陈爱莲，朱博勤，陈利顶，等 . 2010. 双台河口湿地景观及生态干扰度的动态变化 [J]. 应用生态学报，（5）：1120-1128.

陈春锋，王宏燕，肖笃宁，等 . 2008. 基于传统生态足迹方法和能值生态足迹方法的黑龙江省可持续发展状态比较 [J]. 应用生态学报，19（11）：2544-2549.

陈俊旭，张士锋，华东，等 . 2010. 基于水足迹核算的北京市水资源保障研究 [J]. 资源科学，32（3）：528-534.

陈爽，马安青，李正炎 . 2011. 辽河口湿地景观格局变化特征与驱动机制分析 [J]. 中国海洋大学学报：自然科学版，41（3）：81-87.

陈云浩，蒋卫国，赵文吉 . 2012. 基于多源信息的北京城市湿地价值评价与功能分区 [M]. 北京：科学出版社 .

谌艳珍，方国智，倪金，等 . 2010. 辽河口海岸线近百年来的变迁 [J]. 海洋学研究，28（2）：14-21.

崔保山，贺强，赵欣胜 . 2008. 水盐环境梯度下翅碱蓬（*Suaeda salsa*）的生态阈值 [J]. 生态学报，28（4）：1408-1418.

崔丽娟，张曼胤 . 2006. 扎龙湿地非使用价值评价研究 [J]. 林业科学研究，19（4）：491-496.

崔丽娟，赵欣胜 . 2004. 鄱阳湖湿地生态能值分析研究 [J]. 生态学报，24（7）：1480-1485.

崔丽娟 . 2002. 扎龙湿地价值货币化评价 [J]. 自然资源学报，17（4）：451-456.

崔丽娟 . 2004. 鄱阳湖湿地生态系统服务功能价值评估研究 [J]. 生态学杂志，23（4）：47-51.

崔现亮，罗娅婷，蒋智林，等 . 2014. 光照和冷藏时间对青藏高原东缘三种灌木种子萌发的影响 [J]. 生态学杂志，33（9）：2330-2335.

丁冬静，李玫，廖宝文，等 . 2015. 海南省滨海自然湿地生态系统服务功能价值评估 [J]. 生态环境学报，9：008.

丁海荣，洪立洲，杨智青，等 . 2008. 盐生植物碱蓬及其研究进展 [J]. 江西农业学报，20（8）：35-37.

段晓男，王效科，欧阳志云 . 2005. 乌梁素海湿地生态系统服务功能及价值评估 [J]. 资源科学，27（2）：110-115.

范晓秋 . 2005. 水资源生态足迹研究与应用 [D]. 南京：河海大学 .

葛振鸣，王天厚，施文彧，等 . 2005. 崇明东滩围垦堤内植被快速次生演替特征 [J]. 应用生态学报，16（9）：1677-1681.

管博，栗云召，于君宝，等 . 2011. 不同温度及盐碱环境下盐地碱蓬的萌发策略 [J]. 生态学杂志，30（7）：1411–1416.

韩鹏，龚健雅 . 2008. 遥感尺度选择问题研究进展 [J]. 遥感信息，（1）：96-99.

郝敬锋，刘红玉，胡俊纳，等 . 2010. 南京东郊城市湿地水质多尺度空间分异 [J]. 应用生态学报，21（7）：1799-1804.

侯志勇，陈心胜，谢永宏，等 . 2012. 洞庭湖湿地土壤种子库特征及其与地表植被的相关性 [J]. 湖泊科学，24（2）：287-293.

胡云锋，徐芝英，刘越，等 . 2013. 地理空间数据的尺度转换 [J]. 地球科学进展，28（3）：297-304.

黄少峰，刘玉，李策，等 . 2011. 珠江口滩涂围垦对大型底栖动物群落的影响 [J]. 应用与环境生物学报，17（4）：499-503.

黄文敏，朱孔贤，赵玮，等 . 2013. 香溪河秋季水—气界面温室气体通量日变化观测及影响因素分析 [J]. 环境科学，34（4）：1270-1276.

贾雪峰 . 2011. 石油开采活动对莫莫格湿地的生态影响研究 [D]. 长春：东北师范大学 .

蒋卫国，李雪，蒋韬，等 . 2012. 基于模型集成的北京湿地价值评价系统设计与实现 [J]. 地理研究，2：377-387.

蒋岳文，关道明，陈淑梅，等 . 1996. 辽河口水域夏季营养盐分布与变化特征 [J]. 海洋通报，15（3）: 92-96.

赖力，黄贤金 . 2005. 全国土地利用总体规划目标的生态足迹评价研究 [J]. 农业工程学报，21（2）: 66-71.

赖敏，吴绍洪，戴尔阜，等 . 2013. 三江源区生态系统服务间接使用价值评估 [J]. 自然资源学报，28（1）: 38-50.

雷坤，郑丙辉，孟伟，等 . 2007. 大辽河口 N，P 营养盐的分布特征及其影响因素 [J]. 海洋环境科学，26（1）: 19-22.

李存桢，刘小京，杨艳敏，等 . 2005. 盐胁迫对盐地碱蓬种子萌发及幼苗生长的影响 [J]. 中国农学通报，21（5）: 209-212.

李峰 . 2010. 黄河三角洲湿地水生植被格局及成因 [D]. 中国科学院研究生院 .

李凤娟，刘吉平 . 2005. 湿地生态系统的主要干扰因素 [J]. 长春大学学报，15（6）: 86-89.

李甲亮，陆兆华，田家怡，等 . 2008. 造纸废水灌溉对滨海盐碱化湿地的生态修复 [J]. 中国矿业大学学报，37（2）: 281-286.

李凯，崔丽娟，李伟，等 . 2016. 基于能值代数的湿地生态系统服务评价去重复性计算 [J]. 生态学杂志，35（4）: 1108-1116.

李丽锋，惠淑荣，宋红丽，等 . 2013. 盘锦双台河口湿地生态系统服务功能能值价值评价 [J]. 中国环境科学，33（8）: 1454-1458.

李睿倩，孟范平 . 2012. 填海造地导致海湾生态系统服务损失的能值评估 ——以套子湾为例 [J]. 生态学报，32（18）: 5825-5835.

李双成，蔡运龙 . 2005. 地理尺度转换若干问题的初步探讨 [J]. 地理研究，24（1）: 11-18.

李伟，崔丽娟，庞丙亮，等 . 2014. 湿地生态系统服务价值评价去重复性研究的思考 [J]. 生态环境学报，23（10）: 1716-1724.

李小梅，沙晋明，连江龙 . 2010. 基于小波变换的 NDVI 区域特征尺度 [J]. 生态学报，30（11）: 2864-2873.

李旭，谢永宏，黄继山，等 . 2015. 湿地植被格局成因研究进展 [J]. 湿地科学，7（3）: 92-100.

李屹峰，罗跃初，刘纲，等 . 2013. 土地利用变化对生态系统服务功能的影响 ——以密云水库流域为例 [J]. 生态学报，33（3）: 726-736.

李有志，崔丽娟，潘旭，等 . 2015. 辽河口湿地植物多样性及物种功能型空间分布格局 [J]. 生物多样性，23（4）：471-478.

李有志，李锡泉，张灿明，等.2014.洞庭湖湿地柳属木本植物变化趋势及成因[J].湿地科学，12（5）：646-649.

辽宁省统计局，2014.辽宁省统计年鉴[M].北京：中国统计出版社.

廖书林，郎印海，王延松.2011.辽河口湿地土壤多环芳烃的分布及来源研究[J].环境科学，32（4）：1094-1100.

林倩.2009.辽河口湿地景观演变与生态系统健康评价研究[D].大连：大连理工大学.

林巧莺，林广发，陈志鸿，等.2006.1993~2003年厦门市湿地动态变化及其驱动因素分析[J].湿地科学，4（4）：298-303.

刘波，吕宪国，姜明，等.2015.光照，水深交互作用对松嫩湿地芦苇种子萌发的影响[J].植物生态学报，39（6）：616-620.

刘东旭.2014.辽河油田勘探开发投资效果评价研究[D].大庆：东北石油大学.

刘红玉，李兆富.2008.小三江平原湿地水质空间分异与影响分析[J].中国环境科学，28（10）：933-937.

刘庆博，宋莎，赵丛娟.2015.河北省湿地生态系统服务功能价值评价[J].林业调查规划，40（4）：79-82.

刘子刚，郑瑜.2011.基于生态足迹法的区域水生态承载力研究[J].资源科学，33（6）：1083-1088.

芦晓峰，王铁良，马秀梅，等.2011.盘锦双台河口湿地环境影响评价及恢复研究[J].水土保持研究，18（2）：133-138.

鲁学军，周成虎，张洪岩，等.2004.地理空间的尺度－结构分析模式探讨[J].地理科学进展，23（2）：107-114.

陆健健.1996.中国滨海湿地的分类[J].环境导报，（1）：1-2.

罗文泊，谢永宏，宋凤斌.2007.洪水条件下湿地植物的生存策略[J].生态学杂志，26（9）：1478-1485.

吕宪国，刘红玉.2004.湿地生态系统保护与管理[J].北京：化学工业出版社.

吕宪国.2005.湿地过程与功能及其生态环境效应[J].科学中国人，（4）：28-29.

吕一河，傅伯杰.2001.生态学中的尺度及尺度转换方法[J].生态学报，21（12）：2096-2105.

吕一河，张立伟，王江磊.2013.生态系统及其服务保护评估：指标与方法[J].应用生态学报，

24（5）：1237-1243.

毛培利，成文连，刘玉虹，等. 2011. 滨海不同生境下盐地碱蓬生物量分配特征研究 [J]. 生态环境学报，20（8/9）：1214-1220.

倪晋仁，殷康前，赵智杰. 1998. 湿地综合分类研究：iv 分类 [J]. 自然资源学报，13（3）：214-221.

欧阳志云，王如松，赵景柱. 1999. 生态系统服务功能及其生态经济价值评价 [J]. 应用生态学报，10（5）：635-640.

欧阳志云，赵同谦，王效科，等. 2004. 水生态服务功能分析及其间接价值评价 [J]. 生态学报，24（10）：2091-2099.

盘锦市统计局. 2013.《盘锦统计年鉴 2012》[R]. 北京：中国统计出版社.

彭溶，邹立，万汉兴，等. 2012. 辽河口芦苇湿地土壤有机碳的积累特征研究 [J]. 中国海洋大学学报，42（5）：28-34.

彭少麟，唐小焱. 1998. Meta 分析及其在生态学上的应用 [J]. 生态学杂志，17（5）：74-79.

荣子容，马安青，王志凯，等. 2012. 辽河口湿地生态景观格局形成机制分析 [J]. 中国海洋大学学报，42（7-8）：138-143.

石青峰. 2004. 我国滨海湿地退化与可持续发展对策研究 [D]. 青岛：中国海洋大学.

史功伟，宋杰，高奔，等. 2009. 不同生境盐地碱蓬出苗及幼苗抗盐性比较 [J]. 生态学报，29（1）：138-143.

宋永昌. 2001. 植被生态学 [M]. 上海：华东师范大学出版社.

苏蔚潇，张朝晖，王守强. 2012. 双台河口自然保护区滨海湿地的维管束植物区系特征 [J]. 城市环境与城市生态，25（2）：1-5.

隋玉正，李淑娟，张绪良，等. 2013. 围填海造陆引起的海岛周围海域海洋生态系统服务价值损失——以浙江省洞头县为例 [J]. 海洋科学，37（9）：90-96.

孙剑，杨德明，李建国. 2006. 辽河三角洲土地利用时空变化及预测研究 [J]. 华中农业大学学报（社会科学版），（1）：28-32.

孙荣，袁兴中，刘红，等. 2011. 三峡水库消落带植物群落组成及物种多样性 [J]. 生态学杂志，30（2）：208-214.

郎姗姗，张伟东，胡远满，等. 2008. 大连市生态足迹与水足迹 [J]. 生态学杂志，27（9）：1596-1600.

谭向峰，杜宁，葛秀丽，等 . 2012. 黄河三角洲滨海草甸与土壤因子的关系 [J]. 生态学报，32（19）：5998-6005.

唐博雅，刘晓东，孙晓娟 . 2012. 辽河口自然保护区景观破碎化研究 [J]. 湿地科学与管理，8（2）：32-36.

唐小平，黄桂林 . 2003. 中国湿地分类系统的研究 [J]. 林业科学研究，16（5）：531-539.

唐玥，谢永宏，李峰，等 . 2013. 基于 Landsat 的近 20 余年东洞庭湖湿地草洲变化研究 [J]. 长江流域资源与环境，22（11）：1484-1492.

童春富，陆健健，何文珊，等 . 2002. 湿地功能及生态经济价值评估研究 [J]. 生态经济，（11）：31-33.

王斌，杨校生，张彪，等 . 2012. 浙江省滨海湿地生态系统服务及其价值研究 [J]. 湿地科学，10（1）：15-22.

王伯荪 . 1989. 植物种群学 [M]. 广州：广东高等教育出版社 .

王耕，王彦双，王嘉丽 . 2012. 辽宁双台河口湿地生态安全评价 [J]. 环境科学与管理，37（4）：45–52.

王国刚，杨德刚，张新焕，等 . 2012. 基于能值理论的生态足迹改进模型及其应用 [J]. 中国科学院研究生院学报，29（3）：352-358.

王红，刘高焕，宫鹏 . 2005. 利用 Cokriging 提高估算土壤盐离子浓度分布的精度——以黄河三角洲为例 [J]. 地理学报，60（3）：511–518.

王建华，吕宪国 . 2007. 湿地服务价值评估的复杂性及研究进展 [J]. 生态环境学报，16（3）：1058-1062.

王建源，陈艳春，李曼华，等 . 2007. 基于能值分析的山东省生态足迹 [J]. 生态学杂志，26（9）：1505-1510.

王静，徐敏，张益民，等 . 2009. 围填海的滨海湿地生态服务功能价值损失的评估 ——以海门市滨海新区围填海为例 [J]. 南京师大学报自然科学版，32（4）：134-138.

王绍强，于贵瑞 . 2008. 生态系统碳氮磷元素的生态化学计量学特征 [J]. 生态学报，28（8）：3937-3947.

王树功 . 2005. 珠江河口区典型湿地景观演变及调控研究 [D]. 广州：中山大学 .

王宪礼，肖笃宁，布仁仓，等 . 1997. 辽河三角洲湿地的景观格局分析 [J]. 生态学报，17（3）：317-323.

王欣，高贤明 . 2010. 模拟水淹对三峡库区常见一年生草本植物种子萌发的影响 [J]. 植物生态学报，34（12）：1404–1413.

王新华，徐中民，李应海 . 2005. 甘肃省 2003 年的水足迹评价 [J]. 自然资源学报，20（6）：909-915.

王瑶 . 2008. 山东湿地生态系统生态功能评估及其生态补偿研究 [D]. 济南：山东大学 .

魏斌，张霞，吴热风 . 1996. 生态学中的干扰理论与应用实例 [J]. 生态学杂志，15（6）：50-54.

魏同洋 . 2015. 生态系统服务价值评估技术比较研究 [D]. 北京：中国农业大学 .

邬建国 . 2000. 景观生态学 ——概念与理论 [J]. 生态学杂志，19（1）：42-52.

邬建国 . 2000. 景观生态学 ——格局、过程、尺度与等级 [M]. 北京：高等教育出版社 .

吴志峰，胡永红，李定强，等 . 2006. 城市水生态足迹变化分析与模拟 [J]. 资源科学，28（5）：152-156.

席宏正，康文星 . 2009. 洞庭湖湿地资源能值 – 货币价值评价与分析 [J]. 水利经济，26（6）：37-40.

肖能文，谢德燕，王学霞，等 . 2011. 大庆油田石油开采对土壤线虫群落的影响 [J]. 生态学报，31（13）：3736-3744.

谢高地，甄霖，鲁春霞，等 . 2008. 一个基于专家知识的生态系统服务价值化方法 [J]. 自然资源学报，23（5）：911-919.

谢高地，甄霖，鲁春霞，等 . 2008. 生态系统服务的供给，消费和价值化 [J]. 资源科学，30（1）：93-99.

谢永宏，陈心胜 . 2008. 三峡工程对洞庭湖湿地植被演替的影响 [J]. 农业现代化研究，29（6）：684–687.

辛琨，谭凤仪，黄玉山，等 . 2006. 香港米埔湿地生态功能价值估算 [J]. 生态学报，26（6）：2020-2026.

徐东霞，章光新 . 2007. 人类活动对中国滨海湿地的影响及其保护对策 [J]. 湿地科学，5（3）：282-288.

徐慧，陈冠雄，马成新 . 1995. 长白山北坡不同土壤 N_2O 和 CH_4 排放的初步研究 [J]. 应用生态学报，6（4）：373-377.

徐贤君 . 2015. 基于 Meta 分析法的滇池湿地价值评估 [D]. 昆明：云南大学 .

闫留华，陈敏，王宝山 . 2008. NaCl 胁迫对 2 种表型盐地碱蓬种子萌发的渗透效应和离子效

应研究 [J]. 西北植物学报，28（4）：0718–0723.

叶功富，谭芳林，罗美娟，等 . 2010. 泉州湾河口湿地退化现状及人为影响因素 [J]. 湿地科学，08（4）：386-388.

于格，陈静，张学庆，等 . 2012. 大辽河口水环境污染生态风险评估 [J]. 生态学报，32（15）：4651–4660.

于文颖，纪瑞鹏，冯锐，等 . 2014. 芦苇湿地多时空尺度蒸散模拟研究进展 [J]. 生态学杂志，33（5）：1388-1394.

袁桂香，吴爱平，葛大兵，等 . 2011. 不同水深梯度对 4 种挺水植物生长繁殖的影响 [J]. 环境科学学报，31（12）：2690-2697.

岳东霞，李自珍，惠苍 . 2004. 甘肃省生态足迹和生态承载力发展趋势研究 [J]. 西北植物学报，24（3）：454-463.

张东菊，左平，邹欣庆 . 2015. 基于加权 Ripley's K-function 的多尺度景观格局分析 ——以江苏盐城滨海湿地为例 [J]. 生态学报，35（8）：2703-2711.

张芳怡，濮励杰，张健 . 2006. 基于能值分析理论的生态足迹模型及应用 [J]. 自然资源学报，21（4）：653-660.

张华，张丽媛，伏捷，等 . 2009. 辽宁省滨海湿地类型及生态服务价值研究 [J]. 湿地科学，7（4）：342-350.

张娜 . 2007. 生态学中的尺度问题 ——尺度上推 [J]. 生态学报，27（10）：4252-4266.

张树仁 . 2009. 中国常见湿地植物 [M]. 北京：科学出版社 .

张晓龙，李培英，李萍，等 . 2005. 中国滨海湿地研究现状与展望 [J]. 海洋科学进展，23（1）：87-95.

张晓龙 . 2005. 现代黄河三角洲滨海湿地环境演变及退化研究 [D]. 青岛：中国海洋大学 .

张晓龙 . 2010. 中国滨海湿地退化 [M]. 北京：海洋出版社 .

张绪良，叶思源，印萍，等 . 2008. 莱州湾南岸滨海湿地的生态系统服务价值及变化 [J]. 生态学杂志，27（12）：2195-2202.

张雪花，李建，张宏伟 . 2011. 基于能值—生态足迹整合模型的城市生态性评价方法研究 ——以天津市为例 [J]. 北京大学学报（自然科学版），47（2）：344-352.

张义，张合平 . 2013. 基于生态系统服务的广西水生态足迹分析 [J]. 生态学报，33（13）：4111-4124.

张翼然 .2014. 基于效益转换的中国湖沼湿地生态系统服务功能价值估算 [D]. 北京：首都师范大学 .

赵焕庭，王丽荣 . 2000. 中国海岸湿地的类型 [J]. 海洋通报，19（6）：72-82.

赵景柱，肖寒 . 2000. 生态系统服务的物质量与价值量评价方法的比较分析 [J]. 应用生态学报，11（2）：290-292.

赵玲，王尔大 . 2011. 基于 Meta 分析的自然资源效益转移方法的实证研究 [J]. 自然科学，33（1）：31-40.

赵晟，洪华生，张珞平，等 . 2007. 中国红树林生态系统服务的能值价值 [J]. 资源科学，29（1）：147-154.

赵小汎 . 2016. 土地利用生态服务价值指标体系评估结果比较研究 [J]. 长江流域资源与环境，25（1）：188-195.

中国科学院武汉植物研究所 . 1983. 中国水生维管植物图谱 [M]. 武汉：湖北人民出版社 .

中国科学院植物研究所 . 2004. 中国植物志 [M]. 北京：科学出版社 .

仲崇庆，王进欣，钦佩，等 . 2011. 苏北海岸带盐沼植物分布与土壤理化性质的关系 [J]. 海洋湖沼通报，33（4）：151–157.

周建，李红丽，罗芳丽，等 . 2015. 施氮对空心莲子草（*Alternanthera philoxeroides*）和莲子草（*Alternanthera sessilis*）种间关系的影响 [J]. 生态学报，35（24）：8258-8267.

周文华，张克锋，王如松 . 2006. 城市水生态足迹研究 ——以北京市为例 [J]. 环境科学学报，26（9）：1524-1531.

朱京海，刘伟玲，胡远满，等 . 2008. 辽宁沿海湿地生物多样性评价研究 [J]. 气象与环境学报，24（1）：27-31.

Acosta J M，Bentivegna D J，Panigo E S，et al. 2014. Influence of environmental factors on seed germination and emergence of Iresine diffusa [J]. Weed Research，54（6）：584-592.

Adamus P R，Clairain E J，Smith R D，et al. 1987. Wetland Evaluation Technique（WET）. Methodology. Operational draft. Final report，June 1984-September 1988 [R]. Army Engineer Waterways Experiment Station，Vicksburg，MS（USA）.

Adhikari S，Bajracharaya R M，Sitaula B K. 2009. A review of carbon dynamics and sequestration in wetlands [J]. Journal of Wetlands Ecology，2（1）：42-46.

Agren G I. 2008. Stoichiometry and nutrition of plant growth in natural communities [J]. Annual Review of Ecology，Evolution，and Systematics，8：153-170.

Ahmed M Z，Khan M A. 2010. Tolerance and recovery responses of playa halophytes to light，salinity and temperature stresses during seed germination [J]. Flora-Morphology，Distribution，Functional Ecology of Plants，205（11）: 764-771.

Ahn C，Moser K F，Sparks R E，et al. 2007. Developing a dynamic model to predict the recruitment and early survival of black willow（Salix nigra）in response to different hydrologic conditions [J]. Ecological Modelling，204（3）: 315-325.

Aleisa E，Aljenai L，Jeraq D. 2014. Analysis on the suitability of exploiting oil-contaminated soils in wearing layer of Asphalt concrete [J]. European Journal of Environmental and Civil Engineering，18（2）: 223-240.

An Y Y，Liang Z S，Zhang Y. 2011. Seed germination responses of Periploca sepium Bunge，a dominant shrub in the Loess hilly regions of China [J]. Journal of Arid Environments，75（5）: 504-508.

Araghi A，Baygi M M，Adamowski J，et al. 2015. Using wavelet transforms to estimate surface temperature trends and dominant periodicities in Iran based on gridded reanalysis data [J]. Atmospheric Research，155: 52-72.

Armas C，Ordiales R，Pugnaire F I. 2004. Measuring plant interactions: a new comparative index [J]. Ecology，85（10）: 2682-2686.

Assessment M E. 2005. Ecosystems and human well-being[M]. Washington, DC: Island Press.

Babu K N，Ouseph P P，Padmalal D. 2000. Interstitial water–sediment geochemistry of N，P and Fe and its response to overlying waters of tropical estuaries: a case from the southwest coast of India [J]. Environmental Geology，39（6）: 633-640.

Bagstad K J，Villa F，Johnson G W，et al. 1999. ARIES–Artificial Intelligence for Ecosystem Services: a guide to models and data，version 1.0 [J]. ARIES Report Series，1.

Bakhtadze N，Sakrutina E. 2016. Applying the Multi-Scale Wavelet-Transform to the Identification of Non-linear Time-varying Plants [J]. IFAC-Papers On line，49（12）: 1927-1932.

Barbier E B，Acreman M，Knowler D. 1997. Economic valuation of wetlands: a guide for policy makers and planners [C]. Gland: Ramsar Convention Bureau.

Barbier E B，Koch E W，Silliman B R，et al. 2008. Coastal ecosystem-based management with nonlinear ecological functions and values [J]. Science，319（5861）: 321-323.

Barbier E B. 2007. Valuing ecosystem services as productive inputs [J]. Economic Policy，22（49）: 178-229.

Barbier E B. 2015. Policy: Hurricane Katrina's lessons for the world [J]. Nature，524（7565）: 285-287.

Barral M P，Oscar M N. 2012. Land-use planning based on ecosystem service assessment: a case study in the Southeast Pampas of Argentina [J]. Agriculture, Ecosystems & Environment, 154: 34-43.

Basnarkov L, Urumov V. 2009. Critical exponents of the transition from incoherence to partial oscillation death in the Winfree model [J]. Journal of Statistical Mechanics: Theory and Experiment, 2009（10）: P10014.

Beaumont N J, Jones L, Garbutt A, et al. 2014. The value of carbon sequestration and storage in coastal habitats [J]. Estuarine, Coastal and Shelf Science, 137: 32-40.

Beissinger S R, Osborne D R. 1982. Effects of urbanization on avian community organization [J]. Condor, 1982: 75-83.

Bergstrom J C, Taylor L O. 2006. Using Meta-analysis for benefits transfer: Theory and practice [J]. Ecological economics, 60（2）: 351-360.

Bernhardt K G, Koch M. 2003. Restoration of a salt marsh system: temporal change of plant species diversity and composition [J]. Basic and Applied Ecology, 4（5）: 441-451.

Bianchi A A, Pino D R, Perlender H G I, et al. 2009. Annual balance and seasonal variability of sea-air CO_2 fluxes in the Patagonia Sea: Their relationship with fronts and chlorophyll distribution [J]. Journal of Geophysical Research: Oceans, 114（C3）.

Biswas A, Si B C. 2011. Application of continuous wavelet transform in examining soil spatial variation: a review [J]. Mathematical Geosciences, 43（3）: 379-396.

Boumans R, Costanza R, Farley J, et al. 2002. Modeling the dynamics of the integrated earth system and the value of global ecosystem services using the GUMBO model [J]. Ecological Economics, 41（3）: 529-560.

Boyd J, Banzhaf S. 2007. What are ecosystem services ? The need for standardized environmental accounting units [J]. Ecological Economics, 63（2）: 616-626.

Boyd J, Krupnick A. 2009. The definition and choice of environmental commodities for nonmarket valuation [J]. Available at SSRN, 1479820.

Brander L M, Bräuer I, Gerdes H, et al. 2012. Using Meta-analysis and GIS for value transfer and scaling up: Valuing climate change induced losses of European wetlands [J]. Environmental and Resource Economics, 52（3）: 395-413.

Brander L M, Florax R J G M, Vermaat J E. 2006. The empirics of wetland valuation: a comprehensive summary and a meta-analysis of the literature [J]. Environmental and Resource Economics, 33（2）: 223-250.

Brander L M, Wagtendonk A J, Hussain S S, et al. 2012. Ecosystem service values for mangroves in Southeast Asia: A meta-analysis and value transfer application [J]. Ecosystem Services, 1（1）: 62-69.

Brenner J, Jiménez J A, Sardá R, et al. 2010. An assessment of the non-market value of the ecosystem services provided by the Catalan coastal zone, Spain [J]. Ocean & Coastal Management, 53 (1): 27-38.

Brinson M M. 1993. A hydrogeomorphic classification for wetlands[R]. East Carolina Univ Greenville NC.

Brown M T, Martínez A, Uche J. 2010. Emergy analysis applied to the estimation of the recovery of costs for water services under the European Water Framework Directive [J]. Ecological Modelling, 221 (17): 2123-2132.

Bugmann H, Lindner M, Lasch P, et al. 2000. Scaling issues in forest succession modelling [J]. Climatic Change, 44 (3): 265-289.

Bull J W, Milner-Gulland E J, Suttle K B, et al. 2014. Comparing biodiversity offset calculation methods with a case study in Uzbekistan [J]. Biological Conservation, 178: 2-10.

Camacho-Valdez V, Ruiz-Luna A, Ghermandi A, et al. 2013. Valuation of ecosystem services provided by coastal wetlands in northwest Mexico [J]. Ocean & Coastal Management, 78: 1-11.

Camacho-Valdez V, Ruiz-Luna A, Ghermandi A, et al. 2014. Effects of land use changes on the ecosystem service values of coastal wetlands [J]. Environmental Management, 54 (4): 852-864.

Cazelles B, Chavez M, Berteaux D, et al. 2008. Wavelet analysis of ecological time series [J]. Oecologia, 156 (2): 287-304.

Chaikumbung M, Doucouliagos H, Scarborough H. 2016. The economic value of wetlands in developing countries: A meta-regression analysis [J]. Ecological Economics, 124: 164-174.

Chapagain A K, Hoekstra A Y. 2006. The Water Footprints of Nations [J]. Journal of Banking and Finance, 27 (8): 1427-1453.

Chen P, Yan K, Shao H, et al. 2013. Physiological mechanisms for high salt tolerance in wild soybean (Glycine soja) from yellow river delta, China: photosynthesis, osmotic regulation, ion flux and antioxidant capacity [J]. PloS One, 8 (12): e183-227.

Chen Z M, Xia X H, Tang H S, et al. 2010. Emergy based ecological assessment of constructed wetland for municipal wastewater treatment: methodology and application to the Beijing wetland [J]. Journal of Environmental Informatics, 15 (2): 62-73.

Christie M, Fazey I, Cooper R, et al. 2012. An evaluation of monetary and non-monetary techniques for assessing the importance of biodiversity and ecosystem services to people in countries with developing economies [J]. Ecological Economics, 83: 67-78.

Clevering O A, Hundscheid M P J. 1998. Plastic and non-plastic variation in growth of newly established clones of Scirpus (Bolboschoenus) maritimus L. grown at different water depths [J]. Aquatic Botany, 62 (1): 1-17.

Cornwell W K，Cornelissen J H C，Amatangelo K，et al. 2008. Plant species traits are the predominant control on litter decomposition rates within biomes worldwide [J]. Ecology Letters，11（10）：1065-1071.

Costanza R，Mitsch W J，Day J W. 2006. A new vision for New Orleans and the Mississippi delta：applying ecological economics and ecological engineering [J]. Frontiers in Ecology and the Environment，4（9）：465-472.

Costanza R，Pérez-Maqueo O，Martinez M L，et al. 2008. The value of coastal wetlands for hurricane protection [J]. AMBIO：A Journal of the Human Environment，37（4）：241-248.

Costanza R. 2000. Social goals and the valuation of ecosystem services [J]. Ecosystems，3（1）：4-10.

Costanza R. d'Arge R，De Groot R. et al. 1997. The value of the world' s ecosystem services and natural capital [J]. Nature，（386）：253-260.

Crain C M，Silliman B R，Bertness S L，et al. 2004. Physical and biotic drivers of plant distribution across estuarine salinity gradients [J]. Ecology，85（9）：2539-2549.

Cummins K W，Wilzbach M A，Gates D M，et al. 1989. Shredders and riparian vegetation[J]. BioScience，39（1）：24-30.

Daily G. 1997. Nature's services：societal dependence on natural ecosystems [M]. Island Press.

Davidson E A，Janssens I A. 2006. Temperature sensitivity of soil carbon decomposition and feedbacks to climate change [J]. Nature，440（7081）：165-173.

De Groot R，Brander L，Van Der Ploeg S，et al. 2012. Global estimates of the value of ecosystems and their services in monetary units [J]. Ecosystem Services，1（1）：50-61.

De Groot R，Stuip M，Finlayson M，et al. 2006. Valuing wetlands：guidance for valuing the benefits derived from wetland ecosystem services [R]. International Water Management Institute.

Dodds W K K，Welch E B. 2000. Establishing nutrient criteria in streams [J]. Journal of the North American Benthological Society，19（1）：186-196.

Ehrenfeld J G. 2000. Evaluating wetlands within an urban context [J]. Ecological Engineering，15（3）：253-265.

Eppink F V，Brander L M，Wagtendonk A J. 2014. An initial assessment of the economic value of coastal and freshwater wetlands in West Asia [J]. Land，3（3）：557-573.

Eshet T，Baron M G，Shechter M. 2007. Exploring benefit transfer：disamenities of waste transfer stations [J]. Environmental and Resource Economics，37（3）：521-547.

Fabec R，Ólafsson G. 2003. The continuous wavelet transform and symmetric spaces [J]. Acta Applicandae Mathematica，77（1）：41-69.

Fisher D J，Copas A J，Tierney J F，et al. 2011. A critical review of methods for the assessment of patient-level interactions in individual participant data meta-analysis of randomized trials，and guidance for practitioners [J]. Journal of Clinical Epidemiology，64（9）：949-967.

Forcey G M，Thogmartin W E，Linz G M，et al. 2011. Land use and climate influences on waterbirds in the Prairie Potholes [J]. Journal of Biogeography，38（9）：1694-1707.

Forman M A. 1967. Solar-cycle variation in the mass absorption coefficients for the Climax and Chicago neutron monitors，1953–1965 [J]. Journal of Geophysical Research，72（21）：5572-5575.

Friedlingstein P，Cox P，Betts R，et al. 2006. Climate-carbon cycle feedback analysis：Results from the C4MIP model intercomparison [J]. Journal of Climate，19（14）：3337-3353.

Funashima Y. 2017. Time-varying leads and lags across frequencies using a continuous wavelet transform approach [J]. Economic Modelling，60：24-28.

Furlanetto S R，McQuinn M，Hernquist L. 2006. Characteristic scales during reionization [J]. Monthly Notices of the Royal Astronomical Society，365（1）：115-126.

Gardner R C，Davidson N C. 2011. The Ramsar Convention [M]//Wetlands. Springer Netherlands，189-203.

Ghazali N H M. 2006. Coastal erosion and reclamation in Malaysia [J]. Aquatic Ecosystem Health & Management，9（2）：237-247.

Ghermandi A，Ding H，Nunes P A L D. 2013. The social dimension of biodiversity policy in the European Union：Valuing the benefits to vulnerable communities [J]. Environmental Science & Policy，33：196-208.

Ghermandi A，Van Den Bergh J C J M，Brander L M，et al. 2010. Values of natural and human-made wetlands：A meta-analysis [J]. Water Resources Research，46（12）：137-139.

Goh S S，Goodman T N T，Lee S L. 2013. Singular integrals，scale-space and wavelet transforms [J]. Journal of Approximation Theory，176：68-93.

Graca M A S. 2001. The role of invertebrates on leaf litter decomposition in streams-a review [J]. International Review of Hydrobiology，86（4）：383-393.

Graham S A，Mendelssohn I A. 2014. Coastal wetland stability maintained through counterbalancing accretionary responses to chronic nutrient enrichment [J]. Ecology，95（12）：3271-3283.

Gren M. 2010. Resilience value of constructed coastal wetlands for combating eutrophication [J]. Ocean & Coastal Management，53（7）：358-365.

Gul B，Ansari R，Flowers T J，et al. 2013. Germination strategies of halophyte seeds under salinity [J].

Environmental and Experimental Botany，92：4-18.

Halabisky M，Moskal L M，Gillespie A，et al. 2016. Reconstructing semi-arid wetland surface water dynamics through spectral mixture analysis of a time series of Landsat satellite images（1984–2011）[J]. Remote Sensing of Environment，177：171-183.

Hawkins K. 2003. Economic valuation of ecosystem services [J]. University of Minnesota，23.

Hoekstra A Y，Hung P Q. 2002. A Quantification of Virtual Water Flows Between Nations in Relation to International Crop Trade [J]. Value of Water Research Report Series，11.

Hsu K C，Li S T. 2010. Clustering spatial–temporal precipitation data using wavelet transform and self-organizing map neural network [J]. Advances in Water Resources，33（2）：190-200.

Huang L，Bai J，Chen B，et al. 2012. Two-decade wetland cultivation and its effects on soil properties in salt marshes in the Yellow River Delta，China [J]. Ecological Informatics，10：49-55.

Huang Z，Yuan L，Ge J，et al. 2008. Tourism environmental carrying capacity and its assessment research -a case study of ecotourism in coastal wetland of Jiangsu [J]. Scientia Geographica Sinica，28（4）：578-584.

Huntingford C，Lowe J A，Booth B B B，et al. 2009. Contributions of carbon cycle uncertainty to future climate projection spread [J]. Tellus B，61（2）：355-360.

Ibarra A A，Zambrano L，Valiente E L，et al. 2013. Enhancing the potential value of environmental services in urban wetlands：An agro-ecosystem approach [J]. Cities，31：438-443.

Ivajnšič D，Kaligarič M. 2012. How to preserve coastal wetlands，threatened by climate change-Driven rises in sea level [J]. Environmental Management，54（4）：671-684.

Joly R，Forcella F，Peterson D，et al. 2013. Planting depth for oilseed calendula [J]. Industrial Crops and Products，42：133-136.

Kasimir-Klemedtsson Å，Klemedtsson L，Berglund K，et al. 1997. Greenhouse gas emissions from farmed organic soils：a review [J]. Soil Use and Management，13（s4）：245-250.

Katul G，Lai C T，Schäfer K，et al. 2001. Multiscale analysis of vegetation surface fluxes：from seconds to years [J]. Advances in Water Resources，24（9）：1119-1132.

Kent D M，Reimold R J，Kelly J. 1990. Wetlands delineation and assessment[R]. Technical Report to the Connecticut Department of Transportation. Bureau of Planning in Washington in USA.

Kern C C，Palik B J，Strong T F. 2006. Ground-layer plant community responses to even-age and uneven-age silvicultural treatments in Wisconsin northern hardwood forests [J]. Forest Ecology and Management，230（1）：162-170.

Khan M A，Gul B，Weber D J. 2001. Influence of salinity and temperature on the germination of Kochia scoparia [J]. Wetlands Ecology and Management，9（6）：483-489.

Khan M A，Gul B，Weber D J. 2002. Seed germination in relation to salinity and temperature in Sarcobatus vermiculatus [J]. Biologia Plantarum，45（1）：133-135.

Khatami R，Mountrakis G，Stehman S V. 2016. A meta-analysis of remote sensing research on supervised pixel-based land-cover image classification processes：General guidelines for practitioners and future research [J]. Remote Sensing of Environment，177：89-100.

King R S，Richardson C J，Urban D L，et al. 2004. Spatial dependency of vegetation–environment linkages in an anthropogenically influenced wetland ecosystem [J]. Ecosystems，7（1）：75-97.

Kireeva T A，Guseva O V，Sudo R M. 2012. The influence of the chemical composition of stratal water of the oil-gas fields of western Siberia on reservoir exploitation [J]. Moscow University Geology Bulletin，67（2）：115-124.

Ko J Y，Day J W. 2004. A review of ecological impacts of oil and gas development on coastal ecosystems in the Mississippi Delta [J]. Ocean & Coastal Management，47（11）：597-623.

Krause S，Hannah D M，Sadler J P，et al. 2011. Ecohydrology on the edge：interactions across the interfaces of wetland，riparian and groundwater-based ecosystems [J]. Ecohydrology，4（4）：477-480.

Lam N S N，Quattrochi D A. 1992. On the issues of scale，resolution，and fractal analysis in the mapping sciences [J]. The Professional Geographer，44（1）：88-98.

Larocque G R，Bhatti J S，Ascough J C，et al. 2011. An analytical framework to assist decision makers in the use of forest ecosystem model predictions [J]. Environmental Modelling & Software，26（3）：280-288.

Ledoux L，Turner R K. 2002. Valuing ocean and coastal resources：a review of practical examples and issues for further action [J]. Ocean & Coastal Management，45（9）：583-616.

Li F，Xie Y，Chen X，et al. 2013. Succession of aquatic macrophytes in the Modern Yellow River Delta after 150 years of alluviation [J]. Wetlands Ecology and Management，21（3）：219-228.

Li Y，Chen X，Xie Y，et al. 2014. Effects of young poplar plantations on understory plant diversity in the Dongting Lake wetlands，China [J]. Scientific Reports，4：6339.

Li Y，Zhang C，Xie Y，et al. 2009. Germination of Deyeuxia angustifolia as affected by soil type，burial depth，water depth and oxygen level [J]. Mitigation and Adaptation Strategies for Global Change，14（6）：537-545.

Litaor M I，Barnea I，Reichmann O，et al. 2016. Evaluation of the ornithogenic influence on the trophic state of East Mediterranean wetland ecosystem using trend analysis [J]. Science of the Total Environment，539：231-240.

Liu B，Jiang M，Tong S，et al. 2016. Effects of burial depth and water depth on seedling emergence and early growth of Scirpus planiculmis Fr. Schmidt [J]. Ecological Engineering，87：30-33.

Lotze H K，Lenihan H S，Bourque B J，et al. 2006. Depletion，degradation，and recovery potential of estuaries and coastal seas [J]. Science，312（5781）：1806-1809.

Luisetti T，Turner R K，Jickells T，et al. 2014. Coastal zone ecosystem services：from science to values and decision making；a case study [J]. Science of the Total Environment，493：682-693.

Luo F L，Jiang X X，Li H L，et al. 2015. Does hydrological fluctuation alter impacts of species richness on biomass in wetland plant communities ？ [J]. Journal of Plant Ecology，rtv065.

Maestre F T，Callaway R M，Valladares F，et al. 2009. Refining the stress-gradient hypothesis for competition and facilitation in plant communities [J]. Journal of Ecology，97（2）：199-205.

Magurran AE. 1998. Ecological diversity and its measurement [M]. London：Princeton University Press.

Makkay K，Pick F R，Gillespie L. 2008. Predicting diversity versus community composition of aquatic plants at the river scale [J]. Aquatic Botany，88（4）：338-346.

McConnell K E. 1990. Double counting in hedonic and travel cost models [J]. Land Economics，66（2）：121-127.

McDonough S，Gallardo W，Berg H，et al. 2014. Wetland ecosystem service values and shrimp aquaculture relationships in Can Gio，Vietnam [J]. Ecological Indicators，46：201-213.

McLusky D S，Elliott M. 2004. The estuarine ecosystem：ecology，threats and management [M]. New York：Oxford University Press.

Mendoza-González G，Martínez M L，Lithgow D，et al. 2012. Land use change and its effects on the value of ecosystem services along the coast of the Gulf of Mexico [J]. Ecological Economics，82：23-32.

Meng Q，Yang J，Yao R，et al. 2013. Soil quality in east coastal region of China as related to different land use types [J]. Journal of Soils and Sediments，13（4）：664-676.

Ming J M，Zhan-Ming C，Bo Z，et al. 2010. Ecological economic evaluation based on emergy as embodied cosmic exergy：a historical study for the Beijing urban ecosystem 1978–2004 [J]. Entropy，12（7）：1696-1720.

Mitsch W J，Zhang L，Waletzko E，et al. 2014. Validation of the ecosystem services of created wetlands：two decades of plant succession，nutrient retention，and carbon sequestration in experimental riverine marshes [J]. Ecological Engineering，72：11-24.

Moreno-Mateos D，Power M E，Comín F A，et al. 2012. Structural and functional loss in restored wetland ecosystems [J]. PLoS Biology，10（1）：e1001247.

Mou X J，Sun Z G. 2011. Effects of sediment burial disturbance on seedling emergence and growth of Suaeda salsa in the tidal wetlands of the Yellow River estuary [J]. Journal of Experimental Marine Biology and Ecology，409（1）：99-106.

Mount N J，Tate N J，Sarker M H，et al. 2013. Evolutionary，multi-scale analysis of river bank line retreat using continuous wavelet transforms：Jamuna River，Bangladesh [J]. Geomorphology，183：82-95.

Mukherjee N，Sutherland W J，Dicks L，et al. 2014. Ecosystem service valuations of mangrove ecosystems to inform decision making and future valuation exercises [J]. PloS One，9（9）：e 107706.

Naser H A. 2011. Effects of reclamation on macrobenthic assemblages in the coastline of the Arabian Gulf：A microcosm experimental approach [J]. Marine Pollution Bulletin，62（3）：520-524.

Nebel G，Dragsted J，Simonsen T R，et al. 2001. The Amazon flood plain forest tree Maquira coriacea（Karsten）CC Berg：aspects of ecology and management [J]. Forest Ecology and Management，150（1）：103-113.

Nelson E，Mendoza G，Regetz J，et al. 2009. Modeling multiple ecosystem services，biodiversity conservation，commodity production，and tradeoffs at landscape scales [J]. Frontiers in Ecology and the Environment，7（1）：4-11.

Nelson J P，Kennedy P E. 2009. The use（and abuse）of meta-analysis in environmental and natural resource economics：an assessment [J]. Environmental and Resource Economics，42（3）：345-377.

Odum H T，Rushton B T，Paulic M，et al. 1991. Evaluation of alternatives for restoration of soil and vegetation on phosphate clay settling ponds [J]. Bartow（FL）：Florida Institute of Phosphate Research. FIPR Publication，（03-076）：094.

Odum H T. 1996. Environmental accounting：emergy and environmental decision making [J]. Wiley.

Olguín H F，Salibián A，Puig A. 2000. Comparative sensitivity of Scenedesmus acutus and Chlorella pyrenoidosa as sentinel organisms for aquatic ecotoxicity assessment：studies on a highly polluted urban river [J]. Environmental Toxicology，15（1）：14-22.

Pan Y，Xie Y，Chen X，et al. 2012. Effects of flooding and sedimentation on the growth and physiology of two emergent macrophytes from Dongting Lake wetlands [J]. Aquatic Botany，100：35-40.

Pendleton L H，Thébaud O，Mongruel R C，et al. 2016. Has the value of global marine and coastal ecosystem services changed？[J]. Marine Policy，64：156-158.

Pennings S C，GRANT M B，Bertness M D. 2005. Plant zonation in low-latitude salt marshes：disentangling the roles of flooding，salinity and competition [J]. Journal of Ecology，93（1）：159-167.

Pérez-Cadahía B，Laffon B，Pásaro E，et al. 2004. Evaluation of PAH bioaccumulation and DNA damage in mussels（Mytilus galloprovincialis）exposed to spilled Prestige crude oil [J]. Comparative

Biochemistry and Physiology Part C：Toxicology & Pharmacology，138（4）：453-460.

Pienkowski M W，Watkinson A R，Kerby G，et al. 1998. Breeding bird communities in pine plantations of the Spanish plateaux：biogeography，landscape and vegetation effects [J]. Journal of Applied Ecology，35（4）：562-574.

Pietroniro A，Toyra J. 2002. A multi-sensor remote sensing approach for monitoring large wetland complexes in northern Canada [C]//Geoscience and Remote Sensing Symposium，2002. IGARSS'02. 2002 IEEE International. IEEE，2：1069-1072.

Polasky S. 2008. What’s nature done for you lately：measuring the value of ecosystem services [J]. Choices，23（2）：42-46.

Pour M. 2015. Simultaneous application of time series analysis and wavelet transform for determining surface roughness of the ground workpieces [J]. The International Journal of Advanced Manufacturing Technology，1-13.

Průša Z，Søndergaard P L，Rajmic P. 2001. Discrete Wavelet Transforms in the Large Time-Frequency Analysis Toolbox for Matlab/GNU Octave [J]. Acm Transactions on Mathematical Software，42（4）：1-23.

Quintino V，Sangiorgio F，Ricardo F，et al. 2009. In situ experimental study of reed leaf decomposition along a full salinity gradient [J]. Estuarine，Coastal and Shelf Science，85（3）：497-506.

Radaev N N. 2007. Accuracy in expert evaluation of object states by pairwise comparison with quantitative preference estimation [J]. Measurement Techniques，50（9）：908-915.

Rao N S，Ghermandi A，Portela R，et al. 2015. Global values of coastal ecosystem services：A spatial economic analysis of shoreline protection values [J]. Ecosystem Services，11：95-105.

Rees W E. 1996. Revisiting carrying capacity：area-based indicators of sustainability [J]. Population and Environment，17（3）：195-215.

Richardson C J. 1995. Wetlands ecology [J]. Encyclopedia of Environmental Biology，3：535-550.

Robertson A L，Wood P J. 2010. Ecology of the hyporheic zone：origins，current knowledge and future directions [J]. Fundamental and Applied Limnology/Archiv für Hydrobiologie，176（4）：279-289.

Roebeling P，Abrantes N，Ribeiro S，et al. 2015. Estimating cultural benefits from surface water status improvements in freshwater wetland ecosystems [J]. Science of the Total Environment，545：219-226.

Rong Q，Liu J，Cai Y，et al. 2015. Leaf carbon，nitrogen and phosphorus stoichiometry of Tamarix chinensis Lour. in the Laizhou Bay coastal wetland，China [J]. Ecological Engineering，76：57-65.

Rosenberger R S，Johnston R J. 2009. Selection effects in meta-analysis and benefit transfer：avoiding unintended consequences [J]. Land Economics，85（3）：410-428.

Sadowsky J. 1996. Investigation of signal characteristics using the continuous wavelet transform [J]. Johns Hopkins Apl Technical Digest，17（3）: 258-269.

Saich P，Rees W G，Borgeaud M. 2001. Detecting pollution damage to forests in the Kola Peninsula using the ERS SAR [J]. Remote Sensing of Environment，75（1）: 22-28.

Sala O E. 2003.（Almost）All About Biodiversity [J]. Science，299（5612）: 1521-1521.

Sanders C J，Santos I R，Maher D T，et al. 2015. Dissolved iron exports from an estuary surrounded by coastal wetlands：can small estuaries be a significant source of Fe to the ocean？ [J]. Marine Chemistry，176：75-82.

Sarkar D，Doherty K，Dias F. 2016. The modular concept of the Oscillating Wave Surge Converter [J]. Renewable Energy，85：484-497.

Sarkar S，Parihar S M，Dutta A. 2016. Fuzzy risk assessment modelling of East Kolkata Wetland Area：A remote sensing and GIS based approach [J]. Environmental Modelling & Software，75：105-118.

Sato T，Kajiwara R，Takashima I，et al. 2016. A novel method for quantifying similarities between oscillatory neural responses in wavelet time–frequency power profiles [J]. Brain research，1636：107-117.

Saunders C J，Gao M，Jaffé R. 2015. Environmental assessment of vegetation and hydrological conditions in Everglades freshwater marshes using multiple geochemical proxies [J]. Aquatic Sciences，77（2）：271-291.

Schroeder R L. 1982. Habitat suitability index models：Yellow Warbler[R]. US Fish and Wildlife Service.

Schulze R. 2000. Transcending scales of space and time in impact studies of climate and climate change on agrohydrological responses [J]. Agriculture，Ecosystems & Environment，82（1）: 185-212.

Secretariat R C. 2006. The Ramsar convention manual：a guide to the convention on wetlands（Ramsar，Iran，1971）[C]//Ramsar Convention Secretariat，Gland，Switzerland.

Shrestha R K，Loomis J B. 2001. Testing a meta-analysis model for benefit transfer in international outdoor recreation [J]. Ecological Economics，39（1）: 67-83.

Small C. 2012. Spatiotemporal dimensionality and Time-Space characterization of multitemporal imagery [J]. Remote Sensing of Environment，124：793-809.

Smith L C，MacDonald G M，Velichko A A，et al. 2004. Siberian peatlands a net carbon sink and global methane source since the early Holocene [J]. Science，303（5656）: 353-356.

Smith R D，Ammann A，Bartoldus C，et al. 1995. An approach for assessing wetland functions using hydrogeomorphic classification，reference wetlands，and functional indices [R]. Army Engineer Wetlands Experiment Station Vicksburg Ms.

Song J，Chen M，Feng G，et al. 2009. Effect of salinity on growth，ion accumulation and the roles of ions in osmotic adjustment of two populations of Suaeda salsa [J]. Plant and Soil，314（1-2）：133-141.

Sousa W P. 1984. The role of disturbance in natural communities [J]. Annual Review of Ecology and Systematics，15：353-391.

Souter D W，Linden O. 2000. The health and future of coral reef systems [J]. Ocean & Coastal Management，43（8）：657-688.

Stekoll M S，Deysher L. 2000. Response of the dominant alga Fucus gardneri（Silva）（Phaeophyceae）to the Exxon Valdez oil spill and clean-up [J]. Marine Pollution Bulletin，40（11）：1028-1041.

Sukhdev P W，Schröter-Schlaack H，Nesshöver C，et al. 2010. The economics of ecosystems and biodiversity：mainstreaming the economics of nature：a synthesis of the approach，conclusions and recommendations of TEEB [M]. UNEP，Ginebra（Suiza）.

Sun Z，Mou X，Lin G，et al. 2010. Effects of sediment burial disturbance on seedling survival and growth of Suaeda salsa in the tidal wetland of the Yellow River estuary [J]. Plant and Soil，337（1-2）：457-468.

Sun Z，Song H，Sun J，et al. 2014. Effects of continual burial by sediment on seedling emergence and morphology of Suaeda salsa in the coastal marsh of the Yellow River estuary，China [J]. Journal of Environmental Management，135：27-35.

Swift M J，Heal O W，Anderson J M. 1979. Decomposition in terrestrial ecosystems [M]. University of California Press.

Taki H，Yamaura Y，Okabe K，et al. 2011. Plantation vs. natural forest：Matrix quality determines pollinator abundance in crop fields [J]. Scientific Reports，1：132.

Tallis H T，Ricketts T，Ennaanay D，et al. 2008. InVEST 1.003 beta User' s Guide. The Natural Capital Project [J].

Tenzer G E，Meyers P A，Robbins J A，et al. 1999. Sedimentary organic matter record of recent environmental changes in the St. Marys River ecosystem，Michigan–Ontario border [J]. Organic Geochemistry，30（2）：133-146.

Thirumala K，Umarikar A C，Jain T. 2015. Estimation of single-phase and three-phase power-quality indices using empirical wavelet transform [J]. IEEE Transactions on Power Delivery，30（1）：445-454.

Tian B，Zhou Y，Zhang L，et al. 2008. Analyzing the habitat suitability for migratory birds at the Chongming Dongtan Nature Reserve in Shanghai，China [J]. Estuarine，Coastal and Shelf Science，80（2）：296-302.

Tiegs S D，Langhans S D，Tockner K，et al. 2007. Cotton strips as a leaf surrogate to measure decomposition in river floodplain habitats [J]. Journal of the North American Benthological Society，26（1）: 70-77.

Tiiva P，Faubert P，Räty S，et al. 2009. Contribution of vegetation and water table on isoprene emission from boreal peatland microcosms [J]. Atmospheric Environment，43（34）: 5469-5475.

Torrence R J. 1987. Linear wave equations as motions on a Toda lattice [J]. Journal of Physics A: Mathematical and General，20（1）: 91.

Trebitz A S，Brazner J C，Cotter A M，et al. 2007. Water quality in Great Lakes coastal wetlands: basin-wide patterns and responses to an anthropogenic disturbance gradient [J]. Journal of Great Lakes Research，33: 67-85.

Turner R K，Paavola J，Cooper P，et al. 2003. Valuing nature: lessons learned and future research directions [J]. Ecological Economics，46（3）: 493-510.

Turner R K，Van Den Bergh J C J M，Söderqvist T，et al. 2000. Ecological-economic analysis of wetlands: scientific integration for management and policy [J]. Ecological Economics，35（1）: 7-23.

UNEP World Conservation Monitoring Centre. 2011. U.K. National Ecosystem Assessment: Technical Report. Cambridge: UNEP-WCMC.

Urban K E. 2005. Oscillating vegetation dynamics in a wet heathland [J]. Journal of Vegetation Science，16（1）: 111-120.

Valera-Burgos J，Díaz-Barradas M C，Zunzunegui M. 2012. Effects of Pinus pinea litter on seed germination and seedling performance of three Mediterranean shrub species [J]. Plant Growth Regulation，66（3）: 285-292.

Van Gestel T，Suykens J A K，Lanckriet G，et al. 2012. Bayesian framework for least-squares support vector machine classifiers，Gaussian processes，and kernel Fisher discriminant analysis [J]. Neural Computation，14（5）: 1115-1147.

Villa F，Ceroni M，Bagstad K，et al. 2009. ARIES（Artificial Intelligence for Ecosystem Services）: A new tool for ecosystem services assessment，planning，and valuation [C]// 11Th annual BIOECON conference on economic instruments to enhance the conservation and sustainable use of biodiversity，conference proceedings. Venice，Italy.

Vyšná V，Dyer F，Maher W，et al. 2014. Cotton-strip decomposition rate as a river condition indicator–Diel temperature range and deployment season and length also matter [J]. Ecological Indicators，45: 508-521.

Waite R，Kushner B，Jungwiwattanaporn M，et al. 2015. Use of coastal economic valuation in decision making in the Caribbean: Enabling conditions and lessons learned [J]. Ecosystem Services，11: 45-55.

Wang F，Wang X，Chen B，et al. 2013. Chlorophyll a simulation in a Lake Ecosystem using a model with wavelet analysis and Artificial Neural Network [J]. Environmental Management，51（5）：1044-1054.

Wang J，Wang X，Xu M，et al. 2015. Contributions of wheat and maize residues to soil organic carbon under long-term rotation in north China [J]. Scientific Reports，5.

Wang M，Wang Y，Guo X，et al. 2016. Reproductive properties of Zostera marina and effects of sediment type and burial depth on seed germination and seedling establishment [J]. Aquatic Botany，134：68-74.

Wang P，Zhang Q，Xu Y S，et al. 2016. Effects of water level fluctuation on the growth of submerged macrophyte communities [J]. Flora-Morphology，Distribution，Functional Ecology of Plants，223：83-89.

Wang Y，Liu R，Gao H，et al. 2010. Degeneration mechanism research of Suaeda heteroptera wetland of the Shuangtaizi Estuary National Nature Reserve in China [J]. Procedia Environmental Sciences，2：1157-1162.

Wei Y，Dong M，Huang Z，et al. 2008. Factors influencing seed germination of Salsola affinis（Chenopodiaceae），a dominant annual halophyte inhabiting the deserts of Xinjiang，China [J]. Flora-Morphology，Distribution，Functional Ecology of Plants，203（2）：134-140.

Weigelt A，Jolliffe P. 2003. Indices of plant competition [J]. Journal of Ecology，91（5）：707-720.

Weih M，Karacic A，Munkert H，et al. 2003. Influence of young poplar stands on floristic diversity in agricultural landscapes（Sweden）[J]. Basic and Applied Ecology，4（2）：149-156.

Wenigera M，Kappa F，Friederichsa P. 2016. Spatial Verification Using Wavelet Transforms：A Review [J]. Quarterly Journal of the Royal Meteorological Society，1-26.

Whittaker R H. 1970. The population structure of vegetation [M]//Gesellschaftsmorphologie. Springer Netherlands，1970：39-59.

Wilkinson J. 2008. Profile Wetlands and Biodiversity Director Jessica Wilkinson [J]. Environmental Forum.

Wilkinson P M，Nesbitt S A，Parnell J F. 1994. Recent history and status of the eastern brown pelican [J]. Wildlife Society Bulletin（1973-2006），22（3）：420-430.

Wilson M A，Hoehn J P. 2006. Valuing environmental goods and services using benefit transfer：the state-of-the art and science [J]. Ecological Economics，60（2）：335-342.

Wingard G L，Lorenz J J. 2014. Integrated conceptual ecological model and habitat indices for the southwest Florida coastal wetlands [J]. Ecological Indicators，44：92-107.

Wittmann F，Junk W J，Lopes A，et al. 2015. Implementation of the Ramsar Convention on South American wetlands：an update [J]. Research and Reports in Biodiversity Studies，（4）：47-58.

Woodward R T，Wui Y S. 2001. The economic value of wetland services：a meta-analysis [J]. Ecological

Economics，37（2）：257-270.

Wu H，Liu X，Zhao J，et al. 2012. Toxicological effects of environmentally relevant lead and zinc in halophyte Suaeda salsa by NMR-based metabolomics [J]. Ecotoxicology，21（8）：2363-2371.

Xiao C，Wang X，Xia J，et al. 2010. The effect of temperature，water level and burial depth on seed germination of Myriophyllum spicatum and Potamogeton malaianus [J]. Aquatic Botany，92（1）：28-32.

Yao J，Sánchez-Pérez J M，Sauvage S，et al. 2016. Biodiversity and ecosystem purification service in an alluvial wetland [J]. Ecological Engineering，103：359-371.

Ye S，Laws E A，Yuknis N，et al. 2015. Carbon sequestration and soil accretion in coastal wetland communities of the Yellow River delta and Liaohe delta，China [J]. Estuaries and Coasts，38（6）：1885-1897.

Ye X，Wang T，Skidmore A K，et al. 2015. A wavelet-based approach to evaluate the roles of structural and functional landscape heterogeneity in animal space use at multiple scales [J]. Ecography，38（7）：740-750.

Yu S，Lu J，Sun G. 2003. Impact of oil field exploitation on eco-environment of the Daqing lakes [J]. Chinese Geographical Science，13（2）：175-181.

Yusaf M，Nawaz R，Iqbal J. 2016. Robust seizure detection in EEG using 2D DWT of time-frequency distributions [J]. Electronics Letters，52（11）：902-903.

Zhang H X，Zhou D W，Tian Y，et al. 2013. Comparison of seed germination and early seedling growth responses to salinity and temperature of the halophyte Chloris virgata and the glycophyte Digitaria sanguinalis [J]. Grass and Forage Science，68（4）：596-604.

Zhang H，Zhang G，Lü X，et al. 2015. Salt tolerance during seed germination and early seedling stages of 12 halophytes [J]. Plant and Soil，388（1-2）：229-241.

Zhang J，Maun M A. 1990. Sand burial effects on seed germination，seedling emergence and establishment of Panicum virgatum [J]. Ecography，13（1）：56-61.

Zhang X，Lu X. 2010. Multiple criteria evaluation of ecosystem services for the Ruoergai Plateau Marshes in southwest China [J]. Ecological Economics，69（7）：1463-1470.

Zhu H，Bañuelos G. 2016. Influence of salinity and boron on germination，seedling growth and transplanting mortality of guayule：A combined growth chamber and greenhouse study [J]. Industrial Crops and Products，92：236-243.

Zorrilla-Miras P，Palomo I，Gómez-Baggethun E，et al. 2014. Effects of land-use change on wetland ecosystem services：A case study in the Donana marshes（SW Spain）[J]. Landscape and Urban Planning，122：160-174.

后 记

本书是林业公益性行业科研专项重大项目“滨海湿地生态系统服务功能与评估技术研究”（201404305）的成果之一。我们的研究明确了滨海湿地生态系统的结构、过程与服务功能的相互关系，揭示了滨海湿地生态特征变化与生态系统服务功能的内在联系机制；研究了不同尺度下生态系统主导服务功能的变化；分析了滨海湿地生态系统服务价值评价产生重复性计算的原因和类型；评估了不同尺度滨海湿地生态系统的主导服务价值，提出了滨海湿地生态系统服务评价的重复计算剔除技术和区域性尺度转换技术，初步回答了全国滨海湿地生态系统主导服务价值。

项目从 2013 年立项，2014 年启动，到 2016 年结题，一共经历了 4 年的时间。本书从筹划、编写到成稿历时近 6 年的时间，并经数次修改完善，最终定稿。在成书期间，中国滨海湿地依然承受着人类活动与气候变化的双重压力。但值得庆幸的是，在此期间人们对滨海湿地严峻形势的重视度已大大提高，沿海滩涂的生物多样性维持和生态功能恢复被提上国家计划的日程，生态系统的自然资产评估也被纳入了政府考核体系。在宏观政策的调控下，滨海湿地的管理体系正逐步优化，沿海围垦受到了严格控制，多项退化滨海湿地的恢复技术获得应用与推广。本书希望能抛砖引玉，引起更多的同行来关注滨海湿地生态系统服务价值评估。期望通过本书的出版，也让公众了解滨海湿地生态系统的功能和价值，为未来湿地生态补偿提供依据，为国家湿地保护工作提供理论和技术支持。

本书凝聚了所有项目参加人员的汗水，是所有参加人员智慧的结晶，在完成的过程中还参考和引用了一些同行已经发表的相关论述与成果，在此一并表示感谢。

因我们水平和经验有限，本书仍存在许多瑕疵，敬请读者批评指正。